1週間で

Microsoft
Azure 資格
の 基 礎 が 学 べ る 本

株式会社ソフィアネットワーク **新井 慎太朗** 著

インプレス

本書は、AZ-900：Azure Fundamentals取得のための学習準備教材です。著者、株式会社インプレスは、本書の使用によるAZ-900：Azure Fundamentalsへの合格を一切保証しません。

本書の内容については正確な記述につとめましたが、著者、株式会社インプレスは本書の内容に基づくいかなる結果にも一切責任を負いません。

本文中の製品名およびサービス名は、一般に開発メーカーおよびサービス提供元の商標または登録商標です。
なお、本文中には™、®、©は明記していません。

インプレスの書籍ホームページ

書籍の新刊や正誤表など最新情報を随時更新しております。

https://book.impress.co.jp/

はじめに

　今日、クラウドの活用による業務効率化の動きはますます加速しており、社内やクライアントとの会話の中でもクラウドについての話題を日常的に耳にするようになってきました。そのため、一部のエンジニア職だけに限らず全ての職業人において、クラウドの概念やMicrosoft Azureの基礎知識を習得したり、Azureの基礎知識を持つことの証明である認定資格取得の重要性が高まっています。しかし、実際の機器を用いてシステムの構築や運用をおこなった経験のない初心者にとっては、クラウド特有の概念や用語が多く、独学ではとっつきにくい側面があることもまた事実です。

　本書は、前述したような初心者がクラウドおよびAzureの基礎を体系的に学べるような構成になっています。非エンジニア職や文系出身者でも1つ1つの概念や用語を順に紐解いていけるように配慮し、イメージしにくい概念は現実世界に置き換えたり、従来のシステム構築や運用方法との比較を交えたりしながら、1つずつ理解して学習を進めることができます。資格取得を視野に入れた基礎学習がおこなえるようになっているため、本書を読み終えた後は試験対策の学習へとスムーズに進むことができるでしょう。

　筆者は、マイクロソフト認定トレーナー（MCT）としてAzureに関する技術研修や試験対策講座を複数年に渡って担当しています。それらの経験をもとに、本書では1週間で学べる分量かつ重要な内容にポイントを絞り、難しい部分は研修時と同様に噛み砕いてわかりやすく説明することを心がけました。

　なお、本書の内容は執筆時点でのAzureの最新情報に基づいていますが、クラウドサービスという性質上、今後、一部の手順や画面が変更される可能性があります。しかし、本書ではAzureの概念やサービスの基本をしっかりと丁寧に説明しているので、多少の変更があったとしても、きっと読者の皆様のお役に立つはずです。

　本書がこれからAzureに携わる多くの方の入門書として活用いただければ幸いです。

2023年9月
株式会社ソフィアネットワーク
新井慎太朗

本書の特徴

Azure資格取得を目指す人のためのAzure入門書

　本書は、Microsoft Azure（以下、Azure）資格の受験対策書籍を読む前の下準備として、Azureの基礎を学習するための書籍です。受験対策書籍は、試験の出題範囲に沿って解説されているため、まだ基礎を学習していない人にとっては理解することが困難です。

　本書は、Azure資格取得を目標としたうえで、必要な基礎知識を効率的に学習できるように構成しています。1週間でクラウドの考え方からAzureの基礎までを学び、次のステップとなる受験対策にスムーズにシフトできるように、基礎を丁寧に解説しています。

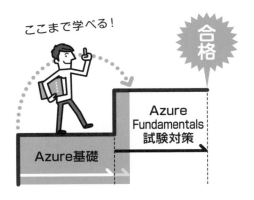

1週間で学習できる

　本文は、「1日目」「2日目」のように1日ずつ学習を進め、1週間で1冊を終えられる構成になっています。1日ごとの学習量も無理のない範囲に抑えられています。計画的に学習を進められるので、受験対策までの計画も立てやすくなります。

Azure資格について

Azure Fundamentalsとは

　マイクロソフトは、エンジニアの技術スキルを認定するために「マイクロソフト認定プログラム（Microsoft Certified Program：MCP）」を提供しています。マイクロソフト認定プログラムは過去に何度かリニューアルされていますが、現在有効な資格は「ロール（役割）ベースの認定資格」と呼ばれており、アルファベット2文字と3桁の数字の試験コードを持ちます（例：AZ-900）。認定資格はロールごとに存在し、それぞれに対して以下の3つのレベルがあります。

Fundamentals … 基礎
Associate ……… 2年程度の職歴
Expert …………… 2〜5年の技術経験

　本書が扱うAzureの分野の資格は、以下のようになります。Azureについては試験と資格が1対1で対応していますが、分野によっては複数の試験を受験する必要があります。

● マイクロソフト認定プログラム（MCP）

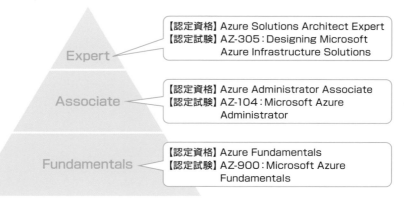

● Azure Fundamentals

　クラウドサービスとAzureの基礎知識を持つことを証明する、初級レベルの認定資格です。AZ-900試験に合格すると取得できます。本書は、この受験対策をおこなう前の下準備として基礎を学習します。

● Azure Administrator Associate

　Azure環境の実装、管理、監視に関する専門知識を持つことを証明する、中級レベルの認定資格です。AZ-104試験に合格すると取得できます。

● Azure Solutions Architect Expert

　Azureを使ったシステム設計を行う能力および専門知識を持つことを証明する、上級レベルの認定資格です。AZ-305試験に合格すると取得できます。

■ AZ-900試験の概要

　AZ-900は、Azure Fundamentals資格を取得するための試験です。本試験に合格することで、クラウドサービスとAzureの基礎知識を持つことを客観的に証明できます。問題数に明確な規定はありません。

●AZ-900試験の概要

問題数	約35問
試験時間	65分（試験の同意事項やチュートリアルなどを含む）
合格点	700点（1,000点満点）
試験方法	コンピューターのマウスやキーボードを使って解答するCBT形式。
出題形式	択一または多肢選択形式、正誤形式、ドラッグアンドドロップ形式、ホットエリア形式
出題範囲および割合	クラウドの概念（25〜30%） Azureのアーキテクチャとサービス（35〜40%） Azureの管理とガバナンス（30〜35%）
受験の前提条件	なし
受験料	12,500円（税別）
受験日・場所	希望の日時、場所を指定できる。ピアソンVUEと契約したテストセンター、またはインターネットに接続されたPCからオンライン受験が可能。

オンライン受験には条件があります。詳しくは以下を参照してください。

・Pearson VUEによるオンライン試験に関して

　https://learn.microsoft.com/ja-jp/certifications/online-exams

　なお、出題範囲や試験時間、価格などは変更される可能性があります。特に出題範囲については、小規模な変更は随時、大規模な変更も数カ月に一度行われることがあります。公式サイトにて最新情報を確認してください。

・マイクロソフト認定資格

　https://learn.microsoft.com/ja-jp/certifications/

■ 資格取得のメリット

　資格を取ることで客観的な判断基準でスキルを証明することができます。これにより、就職や転職の際に有利になったり、ビジネスにおける信頼性が高くなったりするというメリットがあります。企業によっては資格取得時に一時金が支給されるケースもあります。また、現在の強みや今後身につけるべき分野が明確になり、スキルアップやキャリアアップの計画を立てやすくなります。もちろん、資格を取るまでの体系的な学習をすることでスキルが向上することはいうまでもありません。

本書を使った効果的な学習方法

Azureに触れて覚える

　本書の執筆時点では、AZ-900試験でAzureの細かな操作方法や管理スキルを問われることはありません。しかし、Azureで提供されるサービスの中から事例に応じて使用すべきものを選択する問題や、提示された要件を満たすことができるソリューションを選択する問題、特定のサービスを構成する上でのルールや注意点を問われる場合があります。したがって、普段の学習からAzureの基本的な操作方法や管理ツールに慣れておくとよいでしょう。Azureの操作も交えながら学習を進めることで、各種サービスの特徴や内容を体感することができ、より知識の定着を図ることができます。

　Azureは、インターネット接続環境さえあれば利用可能な、マイクロソフトが提供する有料のクラウドサービスです。ただし、一定期間および金額の範囲でサービスの内容や使い勝手を評価できるよう、無料サブスクリプション（無料評価版）を取得できるようになっています。2日目の学習範囲で、無料サブスクリプションを取得するための方法についても解説しているため、2日目以降はAzureを操作しながら学習すると効果的です。

試験のポイントを確認しておく

　解説には、試験に役立つ情報も記載されています。　　　　のアイコンがついた説明では、試験でどのような内容が問われるのかなどについて記載していますので、確認しながら読み進めると効率的に学習できます。

■ 試験問題を体験してみる

試験にトライ! は、実際の試験で問われるような内容を想定した問題です。この問題を解くことによって、試験問題の傾向や問われるポイントなどをつかむことができます。

■ おさらい問題でその日に学習した内容を復習する

1日の最後には、おさらい問題で学習の締めくくりをします。おさらい問題を解き、解説されている内容をきちんと理解できているかどうかを確認しましょう。各問題の解答には該当する解説のページが記載されているので、理解が不十分だと感じたらもう一度解説を読み直します。しっかりと理解できていることが確認できたら、次の学習日に進みましょう。

本書での学習を終えたら…

　本書を使った1週間の学習を終えた頃には、クラウドおよびAzureの基本的な知識や操作方法が身についているはずです。知らない用語やサービスに戸惑うことなく、次のステップとなる受験対策へと移ることができます。

●学習のステップ

┌─────────────────┐
│　本書で基礎を学習　│
│　　（1週間）　　　│
└─────────────────┘
　　　　　↓
┌─────────────────┐
│　AZ-900受験対策　│
│　（1カ月～2カ月）　│
└─────────────────┘

学習の方法

　クラウドの初学者であることを前提とした場合、AZ-900の受験対策に必要な期間は1カ月～2カ月程度です。受験対策には色々な方法がありますが、仕事や学業のかたわらで学習時間を作らなければならない人がほとんどでしょう。業務命令で決められた期日までに資格を取得しなければならないケースもあるかもしれません。また、受験対策のために費やせる予算が決まっている場合もあります。自分の状況に合った学習方法を選び、学習計画を立てましょう。
　学習方法としては、以下のような手段があります。

● 研修の受講

　試験対策の研修を提供している研修会社やスクールを利用する方法です。資格取得まで比較的短期間であることや、講師に質問をして疑問点を解消できることなどが長所ですが、他の学習方法に比べて費用が高いことが短所です。

● 書籍で独学

　試験対策の書籍を購入して学習する方法です。研修を受講するよりも、費用が安いことが魅力です。試験対策向けの教科書や問題集は、一般のAzureの技術解説書よりも試験の出題範囲に沿った内容になっているため、効率的に学習を進めることができます。実際にAzureを操作しながら学習するとより効果的です。

　独学で勉強すると挫折しそうで不安だという人は、受験を目指している仲間を募って勉強会を開くといった工夫をすると継続できます。

● インターネットで情報収集

　インターネット上の様々な情報源を活用した学習方法です。AZ-900試験対策と銘打ったWebサイトには出題傾向や受験対策に役立つ様々な情報が掲載されています。また、ソーシャルネットワークサービス（SNS）でも情報交換が行われています。この方法も費用が安いことが魅力ですが、書籍や研修のような体系的な学習がしにくいことが難点です。

> 要チェックの情報源
> Microsoft Learn
> URL https://learn.microsoft.com/ja-jp/training/courses/
> AZ-900T00
> Microsoft Learnはマイクロソフト社が運営するラーニングサイトであり、マイクロソフト認定コースの学習コンテンツを無料で参照できる。Microsoftアカウントを使用してサインインすれば、学習履歴の管理なども可能。

本書の使い方

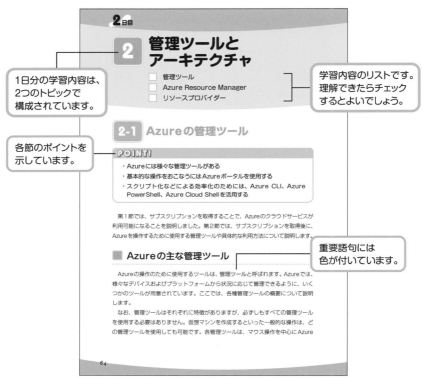

1日分の学習内容は、2つのトピックで構成されています。

学習内容のリストです。理解できたらチェックするとよいでしょう。

各節のポイントを示しています。

重要語句には色が付いています。

● 本書で使われているマーク

マーク	説明	マーク	説明
重要	Azureを理解するうえで必ず理解しておきたい事項	資格	勉強法や攻略ポイントなど、資格取得のために役立つ情報
注意	操作のために必要な準備や注意事項	用語	押さえておくべき重要な用語とその定義
参考	知っていると知識が広がる情報	試験にトライ!	実際の試験を想定した模擬問題

Contents

1日目

2日目

3日目

1 リソース管理に役立つ機能

2 その他の管理機能

4日目

1 仮想マシンの基礎知識

2 仮想マシンへの接続と管理

5日目

1 仮想ネットワークの基礎知識

1日目

1 クラウドの基礎知識

- [ ] クラウドとは
- [ ] クラウドのメリット
- [ ] 4つの実装モデル
- [ ] 3つのサービスモデル

1-1 クラウド

POINT!

- クラウドコンピューティングは、実体がどうなっているかを気にする必要がない
- クラウドサービスは一般的に事業者から提供される
- ITビジネスで求められる速度や変化に対応するためには、クラウドの利用が欠かせない
- クラウドの利用には、オンプレミスの運用に比べて様々なメリットがある

■ クラウドコンピューティングとは

　「クラウド」という言葉を耳にしたときに、その単語の意味から何をイメージしますか？　おそらく多くの人は空に浮かんでいる「雲」をイメージするでしょう。では、地上からその雲を見たとき、雲の上や雲の中はどのように見えるでしょうか？　通常は、地上から雲を見てもその雲の上や中にあるものは見えないですね。このイメージは、まさにこれから学習していくクラウドコンピューティングそのものを表していると言えます。つまり、「実体がどうなっているか」ということを意

識しなくてよいのです。

　近年は、クラウドコンピューティング（クラウドサービス）を利用したシステムの構築や運用が主流になっています。**クラウドコンピューティング**とは、コンピューターを用いて情報処理をおこなうために必要なリソース（資源）を、ネットワーク経由で利用する形態です。情報処理をおこなうために必要なリソースには、CPUやメモリ、仮想マシン、ネットワーク、データベースなどが含まれます。これらのリソースを、従来のように自前で用意するのではなく、クラウドコンピューティングのサービスを提供する事業者と契約して利用します。

● クラウドコンピューティング

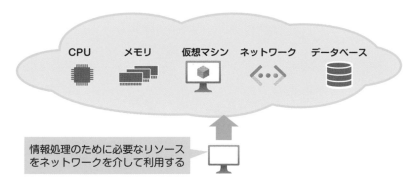

CPU　メモリ　仮想マシン　ネットワーク　データベース

情報処理のために必要なリソース
をネットワークを介して利用する

　クラウドサービスの利用者は事業者と契約し、使用したリソースの量に応じて料金を支払います。リソースの実体は契約した事業者の施設の中に存在しますが、利用者は「実体がどうなっているか」を意識しなくてよいのです。提供されるリソースの内部的な管理は事業者によっておこなわれます。例えば、本書のメインテーマであるMicrosoft Azure（マイクロソフト　アジュール）はマイクロソフトが提供するクラウドサービスなので、リソースの実体はマイクロソフトが保有する施設の中で管理されています。

参考

ここでは、利用形態そのものを「クラウドコンピューティング」とし、クラウドコンピューティングの利用環境をサービスとして提供しているものを「クラウドサービス」としています。ただし、一般的には「クラウドコンピューティング」「クラウドサービス」「クラウド」の3つは、ほぼ同じ意味で使われます。

なぜクラウドなのか？

　クラウドサービスは、実体を意識することなく、使用したリソースの量に応じて支払いをするものであることを説明しました。では、なぜクラウドを利用することが主流になってきているのでしょうか？　その答えは、従来はどのようにコンピューターを使用してシステムを構築してきたのかについて振り返ってみることで見えてきます。

　コンピューターを使用する際、従来は必要なすべてのものを自前で用意していました。例えば、自宅でコンピューターを使用する場合は、コンピューターそのものを機器（ハードウェア）として購入し、そのコンピューターに必要なソフトを入れて使用しますよね？　また、インターネット接続のためにはネットワーク機器の設置や接続の設定などもおこないます。これは、企業など組織でコンピューターを使用する場合であってもほぼ同じです。ただ、組織ではさらに多くの機器を使用するため、それらを保有して管理するための**データセンター**と呼ばれる施設や付属設備などが併せて必要になります。つまり、組織内で一般的にデータセンターと呼ばれる施設を構え、そのデータセンター内にコンピューターやネットワークなどのための機器を調達して設定をおこない、その環境を使用してシステムを構築します。このような従来の運用方法を、クラウドという言葉と対比させて、**オンプレミス**といいます。

●オンプレミスのイメージ

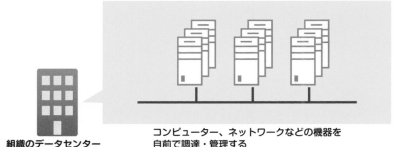

組織のデータセンター

コンピューター、ネットワークなどの機器を
自前で調達・管理する

オンプレミスで運用する場合は、システムのすべての構成要素を自社で保有して管理するため、使用する機器やソフト、ネットワーク環境やセキュリティ設定などを含めてすべてを自由に選択可能です。例えば、組織内の閉じたネットワークからのみ接続できるように構成したり、高度なセキュリティ対策を採用するなど、すべてを自由に選択できます。

一方で、課題も多くあります。その大きな課題の1つに、実際にシステムを運用開始できる状態にするまでに多くのコストや時間を要する点が挙げられます。例えば、データセンターなどの施設を用意し、機器の調達などもおこなう必要があるため、多くの初期コストが発生します。また、後からコンピューターの台数を増やそうと思った場合にも、そのための時間やコストがかかります。さらに、システムの障害対策や災害対策なども考慮する場合、別のデータセンターや機器なども用意して、障害発生時には速やかに切り替えができるようにする必要があります。そのような環境構築から管理や設定、運用までを、すべて自分達でやらなければならないということです。

昨今のITビジネスでは、システム構築やサービス提供までのスピードが従来にも増して重要視され、なおかつビジネスニーズの変化も大きくなっています。従来のオンプレミスでのシステム構築や運用方法で、そのような要求や変化に迅速に対応することができるでしょうか？　ここまでの説明を踏まえると、難しいということがお分かりいただけるのではないかと思います。

そこで、クラウドの出番です。

クラウドでは物理的な機器の購入や設置は不要であり、クラウドを利用するための契約と簡単な操作だけで、システムに必要な環境の構築などを迅速におこなうことができます。たとえていえば、ファーストフード店のカウンターで商品を選んで注文するような感覚で、注文した環境が短時間ででき上がります。また、注文内容の変更についても、多くの場合はメニューを選び直すだけですぐに反映させることができるため、ビジネスニーズの変化にもすばやく対応できます。

クラウドのメリットとは

ここまで、従来の運用方法における課題と、現代のITビジネスで求められている要素という観点で、クラウドの利用が欠かせないものであることを説明しました。次にクラウドを利用するメリットについて、もう少し整理して理解していきましょう。

● コストに関するメリット

オンプレミスとクラウドのどちらでも、システムを構築して利用すること自体はできますが、両者にはコストのかかり方に違いがあります。コストに関する用語として、CapExとOpExがあります。

CapEx（Capital Expenditure）

資本的支出。わかりやすく言えば、最初に必要となるコスト（イニシャルコスト）を意味します。例えば、スマートフォン本体の購入時にかかる費用は、CapExと考えることができます。

OpEx（Operational Expenditure）

運営支出。わかりやすく言えば、運営をおこなうために毎月や毎年などの単位で発生するコスト（ランニングコスト）です。例えば、スマートフォンの通信量に応じて発生する月々の費用は、OpExと考えることができます。

オンプレミスでシステムを構築して運用するには、そのための設備や機器などを用意する必要があるため、多くのCapExが発生します。一方、クラウドの利用においては一般的には初期コストはまったくかからず、実際に使用した量に応じてOpExが発生します。また、システムの利用をやめる場合にもこの違いが影響します。オンプレミスでの運用の場合には、システムの利用をやめるにしても、すでに購入した設備や機器のコストの支払いが発生してしまっている状態であり、場合によっては廃棄のための追加コストも発生する可能性があります。これに対し、クラウドの利用にかかるコストは

OpExであるため、利用をやめたいときにすぐに契約を停止できます。そのため、クラウドのほうが「小回りが利く」と言えます。

● オンプレミスとクラウドのコストのかかり方の違い

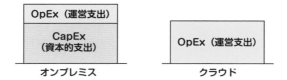

試験では、オンプレミスとクラウドのコストのかかり方の違いについて問われます。

● 拡張などの変更に関するメリット

オンプレミスでシステムを運用する場合、後からコンピューターの台数を増やそうと思っても、その機器の調達のための時間などが必要になるため、すぐに対応するのが難しいと言えます。一方、クラウドでは、Webブラウザーを使った簡単な操作で、素早く変更をおこなえます。

例えば、クラウド上に作成するコンピューターは一般的に「仮想マシン」と呼ばれますが、作成した仮想マシンのCPUやメモリは後から増やしたり、減らしたりすることができます。また、負荷や状況に応じて仮想マシンの台数も増減できます。そのため、クラウドのほうが変化への対応がしやすく、短い時間と簡単な操作で実現できます。

● 変更のしやすさの違い

● 可用性に関するメリット

可用性とは、システムが継続して稼働できる能力を表すもので、システムを構築して運用する上で重要な性質の1つです。オンプレミスに構築したシステムの可用性を高めるためには、同じ役割を持つコンピューターを複数台用意し、ある1つのコンピューターがダウンしても、システムが継続して稼働できるように構成しなければなりません。これを**冗長化**(二重化)といいます。

クラウドでシステムを運用する場合にも同様のことが求められますが、クラウドではオンプレミスに比べて高可用性を実現しやすいというメリットがあります。一般的なクラウドサービスでは、仮想マシンの可用性を高めるためのオプションなどが用意されており、そのオプションを選ぶだけで簡単に冗長化することができます。

> Microsoft Azureにおける仮想マシンとその可用性オプションの詳細については、4日目で説明します。

● 災害対策や障害対策に関するメリット

オンプレミスでの運用において、大規模な災害対策(**ディザスターリカバリー**)を考慮する場合、別のデータセンターや機器などを用意して、障害発生時には速やかに切り替えができるようにする必要があります。クラウドでは、そのような災害対策などもオンプレミスに比べて簡単かつ安価に実現しやすいという特徴があります。

事業者から提供される一般的なクラウドサービスでは、世界各地に数多くのデータセンターが用意されており、複数のデータセンターに同じ構成の仮想マシンを配置したり、データの複製を保管することが可能です。これにより、あるデータセンターで障害が発生したり、その地域で災害が発生した場合でも、別のデータセンターから素早くサービスを再開できます。

●異なるデータセンター間での仮想マシンの複製

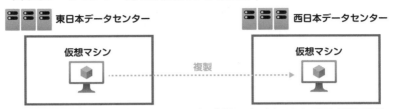

 東日本データセンター　　　　　　　 西日本データセンター

災害などで東日本のシステムが停止しても、西日本に複製しておいたシステムで素早く復旧できる

> **資格**
> 試験では、クラウドを利用する場合において、どのように災害対策や障害対策を実現できるかが問われます。

> **参考**
> Microsoft Azureの仮想マシンに対して利用できる災害対策（Azure Site Recovery）の機能の詳細については、4日目で説明します。

● セキュリティに関するメリット

　オンプレミスで運用をおこなう場合、セキュリティ対策なども含めてすべてを自分達で管理しなければなりません。例えば、物理的な盗難を防ぐために、侵入対策やディスクの暗号化などの手段を講じる必要があります。

　クラウドの利用においては、すべてのリソースは事業者の高品質なデータセンター内で安全に管理され、一定のセキュリティ対策が施されています。例えば、事業者のデータセンターは詳細な所在地が非公開になっていたり、施設自体も高度な物理的セキュリティ対策が施されていたりします。また、データセンター内で扱われるディスクも暗号化され、保存したデータが漏えいしないように保護されていることが一般的です。

>
> **重要**
> クラウドを利用することで、従来のオンプレミスでは難しかった高度なセキュリティや可用性、災害対策を比較的低コストで実現することができます。また、システムの変更や拡張にも柔軟かつ素早く対応できる点も、クラウドを利用する大きなメリットといえます。

1-2 クラウドの実装モデル

POINT!

・クラウドサービスには、実装モデルと呼ばれる分類がある
・パブリック、プライベート、コミュニティ、ハイブリッドの4つの
　実装モデルがある
・実装モデルによって、クラウドサービスの利用機会の開かれ方が異
　なる

■ クラウドの実装モデルとは

　ここまでは「クラウド」という言葉を一括りにして説明してきましたが、クラウドには「**実装モデル**」と呼ばれる分類があります。クラウドの実装モデルとは、クラウドサービスの利用機会の開かれ方の違いによる分類です。

　現実世界においても、すべての人を利用対象としているサービスもあれば、特定の人を利用対象としているサービスもあります。例えば、「図書館」について考えてみると、利用者登録さえすれば誰でも利用できる公共の図書館もあれば、その地域に住んでいる人だけが利用できる図書館もあります。あるいは、大学図書館のように、その大学の学生だけが利用できる図書館もあります。
　図書館に利用機会の開かれ方の違いがあるように、クラウドサービスにも同じような分類があると考えるとよいでしょう。

　クラウドの実装モデルは、具体的には**パブリッククラウド**、**プライベートクラウド**、**コミュニティクラウド**、**ハイブリッドクラウド**の4つがあります。そして、実装モデルによって、そのクラウドサービスの提供者と利用者の組み合わせが異なります。

● パブリッククラウド

パブリッククラウドは、最もよく知られた実装モデルです。利用機会が公開されており、契約や利用規約などへの承諾をおこなえば、誰でもインターネット経由で利用することができます。パブリッククラウドの提供者は、クラウドサービスの事業者であり、**クラウドプロバイダー**とも呼ばれます。

Microsoft Azureは、マイクロソフトが提供するパブリッククラウドの1つです。代表的なパブリッククラウドには、ほかにもAmazon Web Services（AWS）、Google Cloud Platform（GCP）などがあります。これらのクラウドサービスは、利用するために特殊な環境や施設などが必要なく、インターネットとの接続環境さえあれば管理用サイトなどにアクセスして利用できるという特徴があります。

● パブリッククラウドの利用イメージ

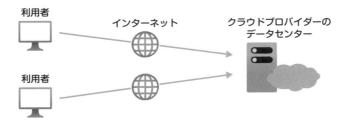

利用者　　　インターネット　　　クラウドプロバイダーの
　　　　　　　　　　　　　　　　　データセンター

利用者

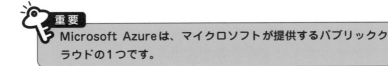

重要

Microsoft Azureは、マイクロソフトが提供するパブリッククラウドの1つです。

資格

試験では、とくにパブリッククラウドの実装モデルに関する特徴や利用方法などが問われます。

● プライベートクラウド

　プライベートクラウドは、特定の組織が独自に利用するクラウドです。プライベートクラウドの提供者は、その組織または運営を委託された外部組織であり、利用者は同一組織に属する部門や個人です。例えば、組織内のデータセンターでクラウド環境を作成し、そこで所有するリソースを同じ組織の様々な部門や関連組織などに提供します。組織内にデータセンターやリソースを所有することになるため、その意味ではオンプレミスでの運用形態と同じであると言えます。ただし、利用者はその実態を意識することなく、データセンター内で共用化されたリソースを利用できます。パブリッククラウドとは異なり、組織内ですべてのリソースを管理しているため、セキュリティやプライバシーの確保がしやすいという特徴があります。

● プライベートクラウドの利用イメージ

組織Aの敷地内　　　　　　　　　　　組織Aの
　　　　　　　　　　　　　　　　　　データセンター

専用線などによる
プライベート接続

● コミュニティクラウド

　コミュニティとは、目的や業務が関連する複数の組織や個人で構成される共同体を指します。**コミュニティクラウド**は、そのコミュニティ内での情報共有や共同作業のために利用されるクラウドです。コミュニティクラウドの提供者は、そのコミュニティクラウドを構成する組織、または運営を委託された外部組織です。例えば、銀行間の情報共有や金融サービスの連携を目的としたクラウドや、住民基本台帳や税務などのような行政に関するデータを複数の自治体で共同利用するために使用されている自治体クラウドなどが挙げられます。

●コミュニティクラウドの利用イメージ

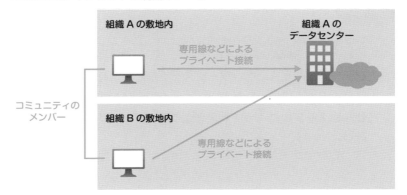

● ハイブリッドクラウド

ハイブリッドクラウドは、これまでに説明した3つの実装モデルを部分的に組み合わせて利用する形態です。例えば、複雑なカスタマイズを必要とする部分や個人情報などの特別なセキュリティを必要とする情報はプライベートクラウドを利用し、特殊な要件を必要としない汎用的なサービスで対応できる部分はパブリッククラウドを利用して、管理や運用コストを軽減するケースが考えられます。このように、目的や用途に応じて適した実装モデルを併用して利用できるようにしたものがハイブリッドクラウドです。

●ハイブリッドクラウドの利用イメージ

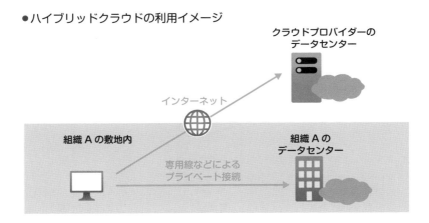

1-3 サービスモデル

POINT!

・クラウドサービスには、サービスモデルと呼ばれる分類がある
・IaaS、PaaS、SaaSの3つのサービスモデルがある
・サービスモデルによって利用者とプロバイダーの管理責任範囲が異なる

■ サービスモデルとは

　サービスモデルとは、クラウドサービスの構築とカスタマイズに関する役割分担による分類です。具体的には、IaaS、PaaS、SaaSの3つのサービスモデルがあります。そして、各サービスモデルによって、クラウドプロバイダーと利用者の管理責任の範囲が異なります。

　サービスモデルを現実世界にたとえるなら、「住居」のようなイメージで考えるとよいでしょう。「土地を借りて自分で建てた家」か、「賃貸住宅」か、「ホテル」かのような違いです。土地を借りて自分で建てた家は、上物を自由に変更できますが、メンテナンスなどの手間は多くかかります。賃貸住宅は、家の外観や間取りなどは変更できませんが、使いたい家財道具を持ち込んで使用できます。ホテルは、生活に必要なものや設備が揃っているため、完全に利用するだけです。このようなイメージを持って3つのサービスモデルを見ていくと、それぞれの違いがわかりやすくなります。

●サービスモデルのイメージ

自分で建てた家　　　　　**賃貸住宅**　　　　　**ホテルの部屋**
（すべて自分で管理）　　（間取りは変えられない）　（家具もすべて揃えられている）

── 借地

● IaaS (Infrastructure as a Service)

クラウドプロバイダーは、サービスとしてCPUやメモリ、ストレージ、ネットワークなどのコンピューティングリソースを提供します。クラウドプロバイダーは、ハードウェアのレイヤーを提供および管理しますが、OSのメンテナンスやネットワーク構成、ミドルウェアやアプリケーションの管理は利用者に委ねられます。IaaSは、他のサービスモデルと比較すると、クラウドプロバイダーから提供される範囲が最も狭く、利用者の管理責任の範囲が広いと言えます。利用者にとっては自由度が最も高いですが、OSやミドルウェアなどの運用や保守の作業をオンプレミスと同じようにおこなう必要があります。

Microsoft Azureでは、仮想マシンサービス（Azure Virtual Machines）がIaaSに分類されるサービスです。

ミドルウェア
ミドルウェアは、OSとアプリケーションの間に位置するソフトウェアであり、具体的にはWebサーバーやデータベースサーバーなどが該当します。

用語

● PaaS (Platform as a Service)

クラウドプロバイダーは、サービスとしてアプリケーションの実行環境を提供します。提供する実行環境には、仮想マシンやネットワークリソースなどのハードウェア、OS、ミドルウェアが含まれます。利用者は、そのクラウドプロバイダーによって提供される実行環境にアプリケーションを配置（デプロイ）して、管理します。つまり、利用者にとってはアプリケーションの部分だけを管理するだけで済み、ハードウェアやOS、ミドルウェアの管理はクラウドプロバイダーに委ねることができます。

Microsoft Azureのサービスでは、Azure App ServiceやAzure SQL DatabaseがPaaSに分類されるサービスです。

● SaaS (Software as a Service)

　クラウドプロバイダーは、サービスとしてアプリケーションの機能を提供します。SaaSでは、アプリケーションを提供するためのすべてのレイヤー（仮想マシン、ネットワークリソース、データストレージ、アプリケーションなど）がクラウドプロバイダーによって管理されます。利用者はクラウドプロバイダーが管理するアプリケーションにアクセスし、提供されるサービスを利用します。したがって、利用者としては一切の運用管理や保守作業をおこなう必要がなく、クラウドプロバイダーから提供されるアプリケーションや機能を利用するだけです。

　Microsoft AzureにはSaaSに相当するサービスはありませんが、同じマイクロソフトが提供するMicrosoft 365（旧称Office 365）やMicrosoft Intuneは、SaaSに分類されるサービスです。

●3つのサービスモデルと管理責任範囲

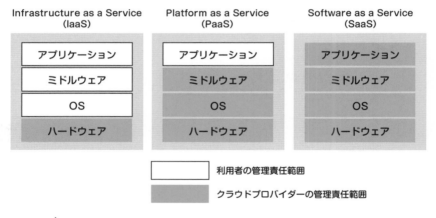

　重要
　Microsoft Azureは、IaaSとPaaSを提供するクラウドサービスです。

試験にトライ！

Q 組織のオンプレミス環境内には、業務用に作成したApp1という名前の
カスタムアプリがあります。あなたは、App1をMicrosoft Azureに
移行する予定です。移行後の管理負荷を最小限に抑えるために最も適切なサー
ビスモデルはどれですか。

A.　IaaS
B.　PaaS
C.　SaaS
D.　JaaS

....

A オンプレミスで使用するカスタムアプリをクラウドに移行する際に、移
行後の管理負荷を最も抑えることができるサービスモデルはPaaSです。
PaaSであれば、利用者にとってはアプリケーションの部分だけを管理するだ
けで済み、ハードウェアやOS、ミドルウェアの管理はクラウドプロバイダー
に委ねることができます。
IaaSのサービスモデルへの移行も可能ではありますが、IaaSの場合にはOSや
ミドルウェアも含めて利用者が管理しなければならず、管理負荷はPaaSに比
べて高いと言えます。SaaSは、ハードウェアからアプリケーションまでのす
べての範囲をクラウドプロバイダーが提供するため、組織で作成したカスタム
アプリを移行することはできません。また、クラウドにはJaaSというサービ
スモデルはありません。

正解　**B**

2 Azureの概要

- [ ] Azureの4つの特徴
- [ ] Azureの歴史
- [ ] Azureで提供される主なサービス

2-1 Microsoft Azureとは

> **POINT!**
>
> ・Azureはマイクロソフトが提供するパブリッククラウドサービスの1つである
> ・Azureを活用することで、オンプレミスでの実装や運用に比べてコストを節約できる
> ・Azureには10年以上の歴史がある
> ・Azureは仮想マシンなどの様々なサービスの集合体である

■ Azureの概要

　第1節では、クラウドの基礎知識や概念について説明しました。その内容を踏まえて、第2節からは本書のメインテーマであるMicrosoft Azureについて説明します。

　Microsoft Azure（以下、Azure）とは、マイクロソフトによって提供されるパブリッククラウドサービスです。「Azure」という言葉には、「空色」や「青空」といった意味があります。第1節でも説明したように、クラウドサービスは一般的に

「雲」にたとえられます。そのため Azure という名称には、その「雲」が浮かんでいる「空」を連想して覚えてもらえるようにという思いが込められています。

● Azure のイメージ

　詳しくは2日目に説明しますが、Azure のサービスはマイクロソフトが世界各地に展開しているデータセンターから提供されています。Azure のサービスを利用することで、利用者はアプリケーションや仮想マシンなどを迅速に作成および展開（プロビジョニング）し、実行することができます。この Azure を活用することにより、従来のオンプレミスでの実装や運用に比べ、より早く、より多くのビジネス目標を達成でき、実装や運用にかかるコストも節約できます。

Azure の特徴

　第1節でも説明したように、マイクロソフトのほかにも、世界には AWS やグーグルをはじめとする様々なクラウドプロバイダーが存在しています。そして、各クラウドプロバイダーが独自の特徴をもつパブリッククラウドサービスを提供しています。また、すべてが完全に違うというわけではなく、異なるクラウドプロバイダーおよびクラウドサービスであっても、結果的に同じようなことが実現できるクラウドサービスもあります。

　それでは、他のクラウドプロバイダーが提供するクラウドサービスと比べて、マイクロソフトが提供する Azure にはどのような特徴（強み）があるのでしょうか？
　ここでは、Azure が持つ4つの特徴について説明します。

● 高品質なデータセンター

マイクロソフトが管理および運用するデータセンターは高品質であり、高い可用性やセキュリティを誇ります。利用するサービスによって数値は異なりますが、各サービスの稼働時間と接続に関する保証が明記されています。例えば、仮想マシンのサービスについては、最大で月間99.99%の稼働率の保証があります。また、各データセンターは物理的なセキュリティやデータの暗号化など、多岐にわたる様々なセキュリティ対策が施されています。さらに、多くの国際的なコンプライアンスポリシーにも準拠し、第三者による定期的な監査や、その結果の開示もおこなわれています。

そのため、企業などの組織は自前でシステムのためのインフラの構築や維持管理などをおこなう必要はなく、Azureの高品質なデータセンターを利用することで、高い可用性やセキュリティを実現できます。

稼働時間や接続に関する内容など、どの程度のサービス品質を保証するかについては、プロバイダーが提示するSLA（サービスレベル契約）に明記されています。AzureのSLAについては、7日目に説明します。

● 豊富なサービスやツール

Azureでは、仮想マシンなどのコンピューティングや、ネットワーク、ストレージ、データベースなどの豊富なサービスが利用可能です。さらに、各サービス内でも、用途に応じて様々な構成ができるように、幅広い選択肢が用意されています。

例えば、仮想マシンのサービスでは、様々なバージョンのWindowsや、Linuxの各種ディストリビューションのOSの仮想マシンを実行できます。また、Azureを利用および操作するための管理ツールにも豊富な選択肢があり、ブラウザーから利用できる使いやすい管理ツールや、繰り返し作業などに役立つコマンド操作の管理ツールなどが使用可能です。

用語 ディストリビューション
Linuxの中核部分（カーネル）とソフトウェア群をひとつのパッケージにした配布形態。Redhat、Ubuntu、SUSEなどの種類がある。

● いつでも変更可能

利用者は、システムやアプリケーションを実行するために必要なインフラの量や性能を自由にコントロールできます。例えば、仮想マシンのサービスでは、仮想マシンのCPUやメモリなどの性能（サイズ）を指定して作成をおこないますが、後から簡単に性能を変更することが可能です。また、負荷分散や障害対策のために同じ役割を持つ仮想マシンの台数を増やしたり、性能やコストを抑えるために仮想マシンの台数を減らしたりできます。このように、ニーズや状況の変化に対応できるように、必要とする規模への拡大や縮小が可能です。

● 安価な運用コスト

Azureは基本的に従量課金であり、各サービスでリソース（仮想マシンやストレージなど）を作成して使用すると、その使用量に基づいてコストが発生します。実際のコストは使用するリソースの種類やデータ量などによって異なりますが、必要なものをオンプレミスの環境内に用意してシステムの構築や運用をおこなうよりも、はるかに安いコストで実現できます。また、仮想マシンについては実行時間に基づいてコストが発生するため、夜間や業務時間外など、仮想マシンが不要な時間帯は停止させておくことでコストを抑えることができます。

● Azureの特徴

| 高品質な データセンター | 豊富な サービスやツール | いつでも 変更可能 | 安価な 運用コスト |

Azureの歴史

　Azureは、マイクロソフトによってサービスが開始されてからすでに10年以上経過している、歴史のあるサービスです。ただ、現在のAzureで提供しているすべてのサービスが開始当初から揃っていたわけではありません。Azureのサービス開始当初に提供されていたサービスは非常に少なく、仮想マシンのサービスすらありませんでした。また、当時は日本のデータセンターも開設されていなかったため、海外のデータセンターを利用するしかありませんでした。

　それが現在に至るまでの間に、数多くの新しいサービスが提供されるようになり、日本のデータセンターも利用可能となり、さらにはAzureの名称まで変更された経緯があります。つまり、Azureは、長い年月と共に進化を繰り返してきたクラウドサービスである、と言えます。

● これまでのAzureの主な出来事

年月	出来事
2008年10月	Windows Azureの発表
2010年1月	Windows Azureのサービスが正式開始
2013年4月	仮想マシンと仮想ネットワークのサービスが正式開始
2014年2月	日本データセンターの開設
2014年4月	Microsoft Azureに名称変更

Azureで提供される主なサービス

　Azureには非常に豊富な種類のサービスが含まれており、現在もそのサービスの数は増え続けています。つまり、Azureは「様々なサービスの集合体」と考えるとよいでしょう。また、各サービスを単独で利用することはもちろんのこと、各サービスを組み合わせて利用することで、様々なソリューションを実現することが可能です。

　ここでは、Azureで提供される主なサービスについて説明します。

● Azureサービスの全体像

● コンピューティング

　コンピューティングサービスにおいて最も代表的なものが、仮想マシンを提供する**仮想マシンサービス**（Azure Virtual Machines）です。このサービスでは、クラウド上に仮想マシンを作成（デプロイ）し、WindowsまたはLinuxプラットフォームで任意のアプリケーションやワークロードを実行することができます。ほかにも、負荷状況などに応じて仮想マシンの台数の増減（スケーリング）を自動化する Azure Virtual Machine Scale Sets や、Webアプリケーションを実行する Azure App Service などが含まれています。

ワークロード
コンピュータやシステムに負荷のかかる処理をワークロードといいます。また、負荷の大きさを意味する場合もあります。

用語

デプロイ
クラウドコンピューティングでは、リソースを利用可能な状態にすることをデプロイといいます。日本語では文脈に応じて、「作成する」「展開する」「配置する」などと訳します。

用語

● ネットワーキング

ネットワーキングのサービスには、仮想マシンなどのAzure上のリソースをネットワーク接続するための**仮想ネットワーク**や、オンプレミスとAzure上のネットワークを接続する**仮想ネットワークゲートウェイ**などがあります。また、ネットワーク通信を制御するための**ネットワークセキュリティグループ**も含まれています。

● ストレージ

ストレージのサービスには、Azure上にテキストデータやバイナリデータなどの非構造化データの格納や保存ができる**Azure Blob Storage**や、Azure上でファイル共有をおこなうために使用される**Azure Files**などがあります。

● データベース

構造型または非構造型のデータベースを作成し、Azure上にデータベースサーバーを構築するサービスが提供されています。構造型のデータベースとして使用できる**Azure SQL Database**や、非構造型データベースとして使用できる**Azure Cosmos DB**などがあります。また、MySQL Community Editionを基盤とした**Azure Database for MySQL**や、PostgreSQLデータベースエンジンに基づいた**Azure Database for PostgreSQL**もあります。

● IoT、機械学習（Machine Learning）、人工知能（AI）

IoTデバイスからのデータ収集や中継機能として**Azure IoT Hub**などのサービスがあります。また、その収集したデータを利用して機械学習をおこなうための**Azure Machine Learning**や、学習済みのAIモデルを提供する**Azure Cognitive Services**、ボットの作成から公開までを支援する**Azure Bot Service**なども含まれています。

● IDとセキュリティ

　Azureをはじめとするクラウドサービスにおける認証基盤として動作する Microsoft Entra ID（旧称 Azure Active Directory）や、Azureでのアクセス制御を実現するための Role-based Access Control（RBAC）などが含まれています。また、認証セキュリティを強化するためのサービスや、Azureのサービス上で使用する暗号化キーを保護するためのサービスもあります。

　Azureには上記のようなサービスが含まれており、サービスモデルとしては IaaSとPaaSを提供するクラウドサービスです。Azureに含まれるサービスのすべてがIaaSまたはPaaSのいずれかに明確に区別されているわけではありませんが、IaaSに分類されるサービスの代表例としてはAzure Virtual Machinesが挙げられます。一方、PaaSに分類されるサービスの代表例としては、Azure App ServiceやAzure SQL Databaseなどが挙げられます。

重要

> Azureは、仮想マシンや仮想ネットワーク、ストレージなどのサービスが含まれる「サービスの集合体」です。Azure Virtual Machinesは IaaSに分類され、Azure App Serviceや Azure SQL Databaseは PaaSに分類されます。

1日目のおさらい

問　題

Q1
クラウドコンピューティングに関する説明として適切なものはどれですか（2つ選択）。

A. コンピューターを利用するために必要なリソースをネットワーク経由で利用する形態である
B. システムのすべての構成要素を自社で保有して管理する
C. リソースの実体がどうなっているかを利用者が意識しなければならない
D. リソースの実体は、契約した事業者の施設の中に存在する

Q2
自社のデータセンター内にコンピューターやネットワークなどのための機器を調達して設定をおこない、その環境を使用してシステムを構築して運用することを表すものはどれですか。

A. ルーティング
B. オンプレミス
C. オンデマンド
D. クライアント

Q3 オンプレミスでの運用と比較したクラウドのメリットとして適切ではないものはどれですか。

A. サーバーの台数の増減などの変更を短時間で実現できる

B. 災害対策や障害対策を安価に実現できる

C. リソースは事業者の高品質なデータセンター内で安全に管理され、一定のセキュリティが施されている

D. 使用する機器や特殊なセキュリティ対策などを自由に選択できる

Q4 クラウドの実装モデルのうち、利用機会が公開され、契約や利用規約などへの承諾をおこなえば誰でもインターネット経由で利用できるものはどれですか。

A. プライベートクラウド

B. コミュニティクラウド

C. パブリッククラウド

D. ハイブリッドクラウド

Q5 IaaSに分類されるクラウドサービスについて、クラウドプロバイダーの提供および管理範囲として適切なものはどれですか。

A. ハードウェアのみ

B. ハードウェアとOS

C. ハードウェア、OS、ミドルウェア

D. ハードウェア、OS、ミドルウェア、アプリケーション

Q6　Azureの特徴に関する説明として適切ではないものはどれですか。

A. Azureのサービスは、マイクロソフトが世界各地に展開している
　 データセンターから提供されている

B. マイクロソフトが管理および運用するデータセンターは高品質で
　 あり、高い可用性やセキュリティを誇る

C. 仮想マシンやストレージなど、各サービスでのリソースの使用量
　 に基づいてコストが発生する

D. Azureのサービス開始当初から、サービスの内容やデータセン
　 ターの数は変わっていない

Q7　クラウドコンピューティングのサービスモデルのうち、Azureで提供
されるサービスが該当するサービスモデルとして適切なものはどれで
すか。

A. IaaSのみ

B. PaaSのみ

C. IaaSとPaaS

D. IaaS、PaaS、SaaS

解　答

A1　A、D

クラウドコンピューティングは、コンピューターを利用するために必要なリソースをネットワーク経由で利用する形態を指すものです。リソースの実体は契約した事業者の施設の中に存在し、リソースの内部的な管理は事業者によっておこなわれます。

→ P.18、P.19

A2　B

システムに必要なすべての構成要素を自社で保有して管理をおこない、自前でシステムを構築して運用する方法はオンプレミスといいます。

→ P.20、P.21

A3　D

使用する機器や特殊なセキュリティ対策などを自由に選択できるのは、クラウドのメリットではなく、オンプレミスでの運用のメリットです。

→ P.22、P.23、P.24、P.25

A4　C

利用機会が公開され、契約や利用規約などへの承諾をおこなえば誰でもインターネット経由で利用できるのは、パブリッククラウドです。代表的なパブリッククラウドには、Microsoft AzureやAmazon Web Servicesなどがあります。

→ P.26、P.27、P.28、P.29

A5　A

IaaSに分類されるクラウドサービスでは、クラウドプロバイダーは
ハードウェアのレイヤーのみを提供および管理します (A)。つまり、
OSのメンテナンスやネットワーク構成、ミドルウェアやアプリケー
ションの管理は利用者に委ねられるため、他のサービスモデルと比較
すると利用者の管理責任の範囲が広いと言えます。

➡ P.30、P.31、P.32

A6　D

Azureのサービス開始当初は、提供されていたサービスの種類は現在
に比べて非常に少なく、データセンターの数も少数でした。2010年1
月に正式にサービスが開始されて現在に至るまでの間に、数多くの新し
いサービスが追加で利用できるようになったり、日本のデータセンター
の開設などもおこなわれたりなど、年月と共に進化してきたという歴
史があります。

➡ P.35、P.36、P.37、P.38

A7　C

Azureには豊富なサービスが含まれていますが、サービスモデルとし
てはIaaSとPaaSを提供するクラウドサービスです。例えば、Azure
Virtual MachinesはIaaSに分類され、Azure App Serviceや
Azure SQL DatabaseはPaaSに分類されます。

➡ P.32、P.38、P.39、P.40、P.41

2日目

2日目に学習すること

1 Azureの基礎知識

Azureを利用するために押さえておくべき基礎知識や契約方法について学び、利用前の準備をおこないましょう。

2 管理ツールとアーキテクチャ

管理ツールとアーキテクチャを理解し、Azureの基本的な操作方法を確認しましょう。

1 Azureの基礎知識

- リージョンとデータセンター
- サブスクリプションおよび契約方法
- クォータ

1-1 Azureのデータセンター

POINT!

- リージョンには1つ以上のデータセンターが含まれる
- 一部のサービスや構成オプションの利用は特定のリージョンのみに限定されている
- 各リージョンにはペアとなるリージョンが決められている
- 特定の機関や組織のみが使用可能な特殊リージョンが存在する

　クラウドサービスでは、提供されるリソースの実体は契約したクラウドプロバイダーの施設の中に存在しますが、利用者は「その実体がどうなっているかを意識しなくてよい」ということを1日目に説明しました。Azureのサービスはマイクロソフトが世界各地に展開している**データセンター**から提供されているため、リソースの実体はマイクロソフトのデータセンター内に存在し、内部で管理されています。

　私たち利用者は、マイクロソフトのデータセンター内でリソースがどのように管理されているのかを意識する必要はありません。ただし、Azureを利用する上では、作成するリソースを「どこの地域にあるデータセンターに配置するのか」を指定する必要があります。そして、その指定した内容によって、利用できるサービスや構成オプションなどが異なる場合があります。そのため、Azureを利用する前に、データセンターの特徴を理解しておくことが重要です。

リージョンとデータセンター

まず、マイクロソフトのデータセンターは、リージョン別に編成されて、利用者に提供されています。**リージョン**とは、ひと言で言えば「Azureのデータセンターの集まり」です。データセンターそのものは100以上の施設として展開されていますが、その世界各地にあるデータセンターを地区ごとにグループ化したものがリージョンであり、現在は60を超えるリージョンが利用可能です。例えば、日本国内のリージョンとして、「東日本」と「西日本」があります。世界各地のリージョン間は、マイクロソフトの内部的なネットワーク網であるMicrosoftバックボーンネットワークによって接続されています。

各リージョンには少なくとも1つのデータセンターがあり、リージョンによっては複数存在する場合もあります。リージョン内のデータセンターは互いに近い位置にあり、低遅延の高速なネットワークで結ばれています。セキュリティの維持のために詳細な所在地は公表されていませんが、東日本リージョンのデータセンターは東京と埼玉に、西日本リージョンのデータセンターは大阪に設置されています。

●リージョンとデータセンターの関係

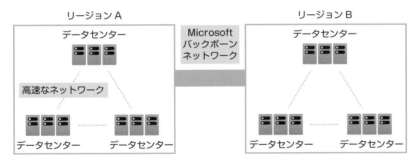

重要
リージョンとは、低遅延の高速なネットワークで接続された、1つ以上のデータセンターの集まりです。

参考 リージョンはマイクロソフトによって管理されているため、今後リージョンの追加や変更がおこなわれる可能性があります。リージョンの最新情報は以下のWebサイトを参照してください。
https://azure.microsoft.com/ja-jp/explore/global-infrastructure/geographies/

■ リージョンによる違い

　利用者は、一部のリージョンを除き、任意のリージョンを自由に選択して使用することができます。Azure上のほとんどのサービスや構成オプションはどのリージョンでも利用可能です。ただし、リージョンによる違いも存在するため、リージョンの選択時には注意が必要です。具体的には、次のような違いが挙げられます。

● 利用可能なサービスの違い

　仮想マシンや仮想ネットワークなどの汎用的なサービスは、どのリージョンでも同じように使用できます。しかし、一部のサービスについては、特定のリージョンのみに提供されています。また、新しいサービスについても、最初は特定のリージョンで限定的に提供され、徐々に利用可能なリージョンの範囲が拡大していく場合があります。

● 構成オプションの違い

　仮想マシンのサービス自体はどのリージョンでも使用できますが、仮想マシンに対して構成できるオプションはリージョンによって違いがある場合があります。例えば、仮想マシンの性能（サイズ）の選択肢や、可用性オプションの選択肢は、リージョンによって違いがあります。

● コストの違い

　選択するリージョンによって、コストも異なる場合があります。例えば、日本とアメリカのそれぞれのリージョンに同じ性能の仮想マシンを作成した場合でも、両者ではコストが異なります。

リージョン別の利用可能なサービス（製品）については、以下の
Webサイトから確認できます。
https://azure.microsoft.com/ja-jp/explore/global-
infrastructure/products-by-region/

■ リージョンペア

データセンター内でのリソースおよびデータは、マイクロソフトによって安全
に管理されています。ただ、そうは言っても実際には物理的な施設であるため、
「100%壊れない」という保証はなく、データセンター内での障害や自然災害など
によってデータが失われてしまう可能性をゼロにはできません。

1つのリージョンに複数のデータセンターが含まれている場合、データセンター
間でデータを複製することにより、データセンターレベルの障害からはデータを保
護できます。ただし、大規模な自然災害では、リージョンレベルにまで影響が及ん
でしまう可能性が考えられます。そのような場合には複数のデータセンター間で
データを複製していたとしても、データが消失してしまうことになります。

●データセンター間の複製では、リージョンレベルの障害に対処できない

このような事態に備えるには、リージョン間でデータを複製することが必要で
す。一部のAzureサービスでは、リージョンレベルの災害などによるデータ損失
を防ぐために、リージョン間での複製が利用されています。異なるリージョン間で
データを複製しておくことで、あるリージョン全体に影響が及ぶ災害が発生したと

2日目

しても、別のリージョンに複製されたデータを使用することができ、事業を継続できます。

● リージョン間の複製

東日本リージョンで災害が発生しても、西日本リージョンに
複製されたデータを使用できるため、事業を継続可能

　リージョン間の複製のために必要な手順や、複製先として選択できるリージョンなどは、Azureサービスの種類によって異なります。例えば、Azureのストレージサービスではリージョン間の複製をおこなうことが可能ですが、複製先のリージョンはストレージサービスを使用するリージョンに応じて自動的に決定されます。この際に利用される、マイクロソフトによって決定されたリージョンの組み合わせ情報のことを**リージョンペア**といいます。東日本リージョンと西日本リージョンはリージョンペアとして構成されています。そのため、東日本リージョンで使用するストレージサービスでリージョン間の複製を構成した場合は、西日本リージョンが自動的に複製先として使用されます。

● 主なリージョンペア

地理的な場所	リージョンペアA	リージョンペアB
日本	東日本	西日本
韓国	韓国中部	韓国南部
アジア太平洋	東アジア	東南アジア
インド	インド中部	インド南部
インド	インド西部	インド南部
北米	米国東部	米国西部
北米	米国東部2	米国中部
北米	米国中北部	米国中南部
カナダ	カナダ中部	カナダ東部
英国	英国西部	英国南部
ドイツ	ドイツ中西部	ドイツ北部
フランス	フランス中部	フランス南部

リージョンペアのうち、普段利用しているリージョンを**プライマリリージョン**といい、複製を保管するリージョンを**セカンダリリージョン**といいます。

特殊なリージョン

Azureと契約さえおこなえば、利用者は基本的にはどのリージョンも使用可能です。例えば、仮想マシンなどのリソースの作成時に、「東日本」や「西日本」、「米国東部」などの任意のリージョンを選択して使用できます。ただし、一部のリージョンは、特別なコンプライアンスや法的な要件を必要とする機関や組織向けに用意されており、一般的な利用者や組織では使用できません。このようなリージョンは**特殊リージョン**と呼ばれ、特定の機関や組織のみに提供されます。

Azureには次の特殊リージョンがあります。

● Azure Government

米国政府機関とその自治体などのパートナーのみが使用できるリージョンです。アメリカには通常の「米国東部」のようなパブリックリージョンとは別に、「US Govアイオワ」や「US Govバージニア」などのようなAzure Governmentのリージョンがあり、パブリックリージョンとは物理的および論理的に分離されています。

● Azure China

中国にビジネスの拠点を持つ組織のみが使用できるリージョンです。「中国東部」や「中国北部」などのAzure Chinaのリージョンは、21Vianetという中国企業によって管理および運用がおこなわれており、マイクロソフトとの特別なパートナーシップを通じて利用できます。

試験では、特殊リージョンについて問われます。それぞれの特殊リージョンと、どのような機関または組織が使用できるかを関連付けて確認しておくとよいでしょう。

1-2 Azureの契約方法

POINT!

- Azureを利用するには、契約をおこない、サブスクリプションを取得する必要がある
- 無料サブスクリプションを取得して、サービス内容や使い勝手などを評価できる
- 請求書の分割やアクセス権の分離などをおこなうには、複数のサブスクリプションを取得する
- サポートリクエストを作成して送信することで、クォータの値を引き上げることができる

■ Azureのサブスクリプション

Azureはマイクロソフトが提供するパブリッククラウドサービスであるため、利用するためには契約をおこなう必要があります。逆に言えば、契約さえすれば、誰でもインターネット経由でAzureを利用できます。

サブスクリプションとは、いわゆる「契約」を表す言葉であり、利用者はサブスクリプションの取得によってAzureのサービスを利用できるようになります。Azureのサブスクリプションには次のような種類があります。

● Azureダイレクト（従量課金）

最も一般的な契約方法で、毎月の使用量に基づいて支払いをおこないます。利用金額や期間に対する拘束はなく、いつでもキャンセルできます。支払いは、クレジットカードまたはデビットカードを使用します。事前に承認されていれば、請求書による支払いも可能です。

● Azureダイレクト

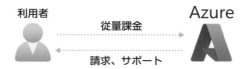

● Azure EA（エンタープライズ契約）

　主に、大企業向けの契約方法です。Azure EAの場合、利用期間（3年間）と前払いによる料金のコミットメントが必要ですが、長期的に見るとAzureを低料金で利用できます。

● Azure EA

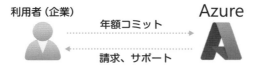

● Azureインオープン

　Azureダイレクトと似ていますが、支払い方法が異なります。事前にリセラー（再販業者）から12か月間有効なプリペイド式のクレジットを$100（米ドル）単位で購入し、そのクレジットで支払います。この契約方法には、複雑な従量課金の見積もりを単純化できるという利点があります。

● Azureインオープン

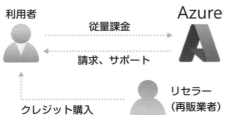

2日目 1 Azureの基礎知識

● CSP（クラウドソリューションプロバイダー）

マイクロソフトではなく、CSP（クラウドソリューションプロバイダー）と契約して、Azureを従量課金で利用する方法です。請求はCSPが独自におこない、Azureに関するサポートもCSPから受けられます。選択するCSPによってサポート内容が異なるため、自社に合ったCSPを選択できるという利点もあります。

● CSP

無料サブスクリプション

Azureでは、利用者が実際に課金される前にサービスの内容や使い勝手を評価できるよう、**無料サブスクリプション**（無料評価版）を取得できるようになっています。無料サブスクリプションには、Azureの40を超えるサービスを1か月の期間内で自由に評価できる、$200（米ドル）分のクレジット（使用権）が含まれています。

また、無料サブスクリプション内で作成したリソースや環境は、有料のサブスクリプションに切り替えれば引き続き利用可能です。そのため、最も一般的な契約方法であるAzureダイレクトを使用する場合、まずは無料サブスクリプションを取得してAzureの利用を開始し、期限が来たら有料のサブスクリプションに切り替えて使うということができます。

無料サブスクリプションに含まれるクレジットは$200となっているため、為替によって現地通貨での金額は変動する場合があります。また、無料サブスクリプションの使用制限に達した場合、サービスの利用が制限されます。

● サブスクリプションを取得するために必要なアカウント

無料サブスクリプションを取得するには、「Microsoftアカウント」か「Microsoft Entraアカウント (旧称Azure ADアカウント)」のいずれかのアカウントが必要です。お持ちでない場合は、事前にアカウントを準備しておきます。

● サブスクリプションの取得に必要なアカウント

アカウントの種類	説明
Microsoftアカウント	マイクロソフトが提供するOutlook.comやOneDriveなどのコンシューマー向けサービスに利用するアカウント。MicrosoftアカウントはWebサイト (https://signup.live.com/) で新規作成できる。
Microsoft Entra アカウント	マイクロソフトが提供するMicrosoft 365やMicrosoft Intuneなどのエンタープライズ向けサービスに利用するアカウント。すでにMicrosoft 365やMicrosoft Intuneを契約済みの場合、そのアカウントを利用できる。

Microsoft Entraアカウントは、ドキュメントによっては「組織アカウント」や「職場アカウント」と呼ばれることがあります。

● 無料サブスクリプションの取得方法

無料サブスクリプションを取得するには、まず申し込みWebサイト (https://azure.microsoft.com/ja-jp/free/) にアクセスします。そして、MicrosoftアカウントまたはMicrosoft Entraアカウントでサインインした後、画面に表示される内容に従って情報を入力し、サインアップをおこないます。なお、サインアップでは、身元確認のためにSMSまたは音声電話でのコードの確認と、クレジットカードの登録が必要です。

とくに業務で使用する場合は、サインアップ時に登録するクレジットカードなどの情報に注意が必要です。

● 無料サブスクリプションの取得

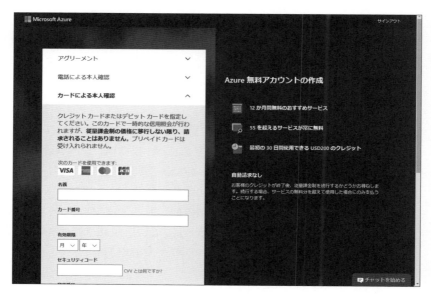

● 有料サブスクリプションへのアップグレード

　無料サブスクリプションの有効期限は1か月です。有効期限が切れる前にその旨を通知する電子メールがマイクロソフトから送信されますが、無料サブスクリプションから有料サブスクリプションへの自動的なアップグレードはおこなわれません。無料サブスクリプションで作成したリソースおよび環境を有効期限後も引き続き使用したい場合は、Azureポータル (https://portal.azure.com) にアクセスし、[サブスクリプション] のメニューから明示的にアップグレードする必要があります。

■ Azureアカウントとサブスクリプション

　Azureへのサインアップが完了すると、Azureアカウントが登録され、そのAzureアカウントと関連付けられたサブスクリプションが作成されます。

● Azureアカウント

　Azureアカウントは、サブスクリプションの追加やキャンセルなど、サブスクリプションそのものを管理する単位です。サインアップの際に使用したMicrosoftアカウントまたはMicrosoft Entraアカウントには**アカウント管理者**という権限が与えられ、Azureアカウントを管理することができます。

● サブスクリプション

　サブスクリプションは、契約および課金の単位であると同時に、仮想マシンやストレージなどのリソースを管理する単位でもあります。サブスクリプションにはサブスクリプション名と一意なサブスクリプションIDが割り当てられ、Azure上に作成する仮想マシンなどのリソースは特定のサブスクリプションの配下で管理されます。各サブスクリプションには**サービス管理者**を指定可能です。サービス管理者はそのサブスクリプション内のすべてのリソースを管理することができます。

●アカウント管理者とサービス管理者

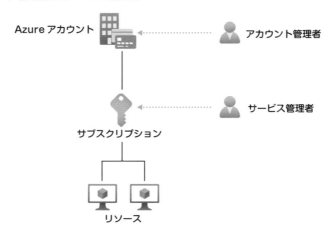

　この2つの管理者は、Azureの基本的な管理権限です。なお、既定ではAzure
のサインアップに使用したアカウントに、アカウント管理者とサービス管理者の両
方が割り当てられます。そのため、Azureのサインアップに使用したアカウントで
は、契約の管理とサブスクリプション配下のリソース管理の両方を実施できます。

■ 複数のサブスクリプションを持つメリット

　サインアップ後、既定では1つのサブスクリプションだけが存在します。ただし、
必要に応じてサブスクリプションを追加することもできます。つまり、1つの組織
が複数のサブスクリプションを所有できます。

　一見、個人での利用で考えると、1つのサブスクリプションだけのほうが管理し
やすいように思われるかもしれません。しかし、組織でのAzureの利用において
は、複数のサブスクリプションを所有したほうが様々なメリットを得ることができ
ます。具体的には、複数のサブスクリプションを所有することで次の3つのメリッ
トが得られます。

● 請求書の分割

請求書は、サブスクリプションごとに発行されます。そのため、特定の部門ごとに請求書を発行したい場合は、部門ごとに異なるサブスクリプションを取得して利用します。

● リソースに対するアクセス権の分離

Azure上に作成するリソースは特定のサブスクリプションに紐付いて管理されますが、各サブスクリプションには配下のリソースを管理する管理者を配置できます。そのため、サブスクリプションをアクセス管理の境界として使用可能です。

●サブスクリプションごとに異なる管理者を配置

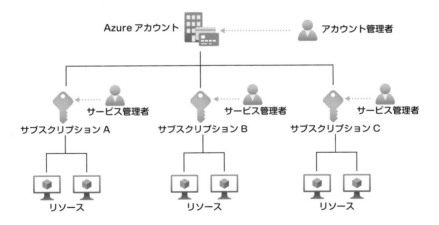

● クォータの回避とクォータ管理の分離

サブスクリプションには、**クォータ**と呼ばれる「作成可能なリソースの数などの制限」が設定されています。この制限はサブスクリプションごとに設定されるため、複数のサブスクリプションを所有することにより、サブスク リプションごとにクォータの範囲内でのリソース作成が可能になります。ま

た、クォータには既定値が設定されていますが、マイクロソフトのサポート
チームへの連絡である**サポートリクエスト**を作成して送信することで、必要
に応じてクォータの値の引き上げを要求できます。したがって、複数のサブ
スクリプションを所有する場合は、使用量の確認やこの引き上げ要求などの
管理を分離できます。

● クォータの管理

 クォータはサブスクリプションごとに既定値が設定されています
が、サポートリクエストを作成して送信することで、値の引き上
げを要求できます。

 サブスクリプションごとのクォータの値については、以下のWeb
サイトを参照してください。
https://learn.microsoft.com/ja-jp/azure/azure-resource-
manager/management/azure-subscription-service-limits

試験にトライ！

Q 低遅延のネットワークで接続された、1つ以上のデータセンターの集まりを表すものとして適切なものはどれですか。

A.　リージョン
B.　可用性セット
C.　サブスクリプション
D.　デプロイ

・・

A 1つ以上のデータセンターの集まりを表すものは、リージョンです。1つのリージョン内には1つ以上のデータセンターが含まれています。そして、リージョン内のデータセンターは互いに近い位置にあり、低遅延の高速なネットワークで結ばれています。

可用性セットは、仮想マシンの可用性を高めるためのオプションの1つです。サブスクリプションは、Azureの契約の単位を表すものです。デプロイは、展開や配置を意味する言葉であり、Azure上でのリソース作成などの意味でも使用されます。いずれも、1つ以上のデータセンターの集まりを表すものではありません。

[正 解]　**A**

2
日目

1
Azureの基礎知識

2 管理ツールと アーキテクチャ

- ☐ 管理ツール
- ☐ Azure Resource Manager
- ☐ リソースプロバイダー

2-1 Azureの管理ツール

> **POINT!**
> ・Azureには様々な管理ツールがある
> ・基本的な操作をおこなうにはAzureポータルを使用する
> ・スクリプト化などによる効率化のためには、Azure CLI、Azure PowerShell、Azure Cloud Shellを活用する

　第1節では、サブスクリプションを取得することで、Azureのクラウドサービスが利用可能になることを説明しました。この節では、サブスクリプションを取得後に、Azureを操作するために使用する管理ツールや具体的な利用方法について説明します。

■ Azureの主な管理ツール

　Azureの操作のために使用するツールは、**管理ツール**と呼ばれます。Azureでは、様々なデバイスおよびプラットフォームから状況に応じて管理できるように、いくつかのツールが用意されています。ここでは、各種管理ツールの概要について説明します。

　なお、管理ツールはそれぞれに特徴がありますが、必ずしもすべての管理ツールを使用する必要はありません。仮想マシンを作成するといった一般的な操作は、どの管理ツールを使用しても可能です。各管理ツールは、マウス操作を中心にAzure

を利用したい、繰り返し作業を効率良くおこなうためにコマンド操作でAzureを利用したいなど、シチュエーションによって使い分けます。

● Azureポータル

最も代表的な管理ツールです。Webブラウザーさえあれば使用可能で、GUIでAzureを管理できます。

● Azure CLI（コマンドラインインターフェイス）

コマンドラインからAzureを操作するための管理ツールです。使用するにはインストールが必要です。

● Azure PowerShell

PowerShellコマンドレットでAzureを操作するための管理ツールです。使用するにはインストールが必要です。

● Azure Cloud Shell

Webブラウザー上で利用可能な、インタラクティブなシェル機能です。Webブラウザー画面でコマンドによる管理操作を実行できます。使用するには、最初にストレージアカウントを作成する必要があります。

● Azureの主な管理ツール

Azure ポータル	Azure CLI	Azure PowerShell	Azure Cloud Shell
GUIによる管理		コマンドによる管理	

シェル
OSの機能を対話的に利用するために、CLI（コマンドラインインターフェイス）を提供するソフトウェア。OSの中核部分はカーネル（核）といい、シェル（殻）はカーネルとユーザーの間に位置します。

用語

■ Azureポータル

Azureポータル（https://portal.azure.com）は、Azureを操作するための
Webベースの管理ツールです。Azureポータルは標準的なHTMLで記述されてい
るため、WebブラウザーさえあればPCだけでなくタブレットなどのモバイルデ
バイスからでも利用できるのが特徴です。次のWebブラウザーの最新バージョン
がサポートされています。

- Microsoft Edge
- Safari（macOSのみ）
- Google Chrome
- Firefox

これらのWebブラウザーからAzureポータルにアクセスすると、最初にサイン
イン画面が表示されます。そのサインイン時に使用した認証情報に応じて、Azure
上のリソースやサービスの操作が可能になります。

●Azureのサインイン画面

● Azureポータルの画面

2
日目

2

管理ツールとアーキテクチャ

AzureポータルのURLは「https://portal.azure.com」であり、Microsoft EdgeやGoogle Chromeなどの様々なWebブラウザーからアクセスして使用できます。

● Azureポータルのレイアウトと基本的な操作方法

　Azureポータルの画面左上の［≡］（ポータルメニューを表示する）をクリックすると、［お気に入りバー］が表示されます。お気に入りバーには、よく使用されるサービスが既定で登録されていますが、利用者がよく使うサービスを追加したり、不要なサービスを削除したりすることも可能です。お気に入りバーに特定のサービスを追加したい場合は、［すべてのサービス］をクリックし、一覧から登録したいサービスにポインターを合わせて星マークをクリックします。

●お気に入りバーの使用

目的のサービスがお気に入りバーに登録されていない場合は、メニューから [**すべてのサービス**] をクリックし、サービスの種類を選択するか、検索ボックスにサービス名を入力して検索します。

●[すべてのサービス]

また、画面の上にある [リソース、サービス、ドキュメントの検索] ボックスを使うのもおすすめの方法です。例えば、このボックスに「vm」と入力すると、仮想マシンに関連するサービスのほか、「vm」という名前を含むAzure上のリソースに素早くアクセスすることができます。

● 検索ボックスの使用

Azure CLI (コマンドラインインターフェイス)

Azure CLIは、コマンドラインからAzureを操作するために提供されている管理ツールです。マルチプラットフォームに対応しており、Windows、macOS、Linuxを搭載するコンピューターで使用できます。

● Azure CLIのインストール

例えばWindowsコンピューターで使用する場合は、コマンドプロンプトでAzureを操作するためのコマンドを入力し、リソースの管理をおこなうことができます。コマンドプロンプトそのものはWindowsコンピューター

に標準で搭載されていますが、Azure CLIを使用するには事前にインストールが必要です。Azure CLIはマイクロソフトのWebサイト（https://learn.microsoft.com/ja-jp/cli/azure/install-azure-cli）から無償で提供されているので、使用するOSに適したものをダウンロードし、インストールします。

　Azure CLIをインストールすると、コマンドラインからAzureを操作するコマンドが使用できるようになります。Azure CLIでは、コマンドの先頭に「az」と入力し、その後ろに「使用するサービス」や「実行したい操作」、「対象のリソース」などを指定すると、Azureの様々な操作をおこなえます。「az」だけを実行すると、基本的なコマンドを確認できます。

基本的なコマンドの確認

```
az
```

●azの実行画面

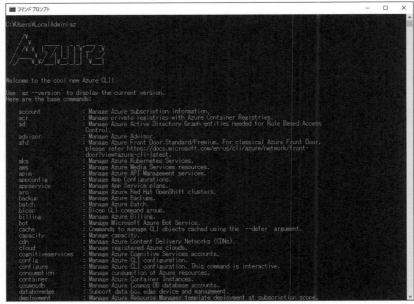

● Azure CLIの接続と操作

　Azure CLIを使用してリソースを操作する際は、最初にAzureに接続して、認証を受ける必要があります。Azure CLIでAzureに接続するには、次のコマンドを実行し、表示されるWebブラウザー画面で認証情報を入力します。

Azureへの接続

```
az login
```

　接続が完了すると、接続時に使用した認証情報に応じて、Azure上のリソースやサービスの操作が可能になります。例えば、次のようなコマンドを実行できます。

ストレージアカウントを作成する

```
az storage account create -n <ストレージアカウント名> -g <リソー
スグループ名> -l <リージョン名（英語)>
```

※ストレージアカウントについては、6日目で説明します。

特定の仮想マシンを再起動する

```
az vm restart -g <リソースグループ名> -n <仮想マシン名>
```

参考

azコマンドの後ろには様々な情報を指定できますが、az findの後ろにキーワードを指定して実行すると、関連するコマンドやその実行例を表示できます。例えば、「az find "storage"」として実行すれば、ストレージというキーワードに関連するコマンドを探すことができます。

Azure PowerShell

Azure PowerShellは、PowerShellコマンドレットでAzureを操作するた

めに提供されている管理ツールおよびモジュールです。コマンドレットとは、PowerShell 上で入力するコマンドのことです。Azure PowerShell も Azure CLI と同様にマルチプラットフォームに対応しているため、Windows、macOS、Linux を搭載するコンピューターで使用できます。

● 管理ツールおよびモジュールのインストール

Azure PowerShell を使用するには、事前に PowerShell の管理ツールと、モジュールのインストールが必要です。例えば、Windows コンピューターには「Windows PowerShell」という管理ツールが標準で搭載されていますが、既定では Azure を管理するコマンドレットは実行できません。そのため、Windows コンピューターを使用する場合でも、モジュールのインストールは必要です。モジュールとは、簡単に言えば「特定の管理用コマンドレットのセット」です。Azure を管理するためのモジュールをインストールすることにより、Azure 管理用のコマンドレットが実行できるようになります。

Azure PowerShell モジュールをインストールするには、Windows PowerShell を管理者として実行し、次のコマンドレットを実行します。なお、モジュールをダウンロードするには、デバイスがインターネットに接続されている必要があります。

Azure PowerShell モジュールのインストール

```
Install-Module Az
```

●Install-Module Az の実行画面

● Azure PowerShellの接続と操作

Azure PowerShellを使用してリソースを操作する際は、最初にAzureに接続し、認証を受ける必要があります。Azure PowerShellでAzureに接続するには、次のコマンドレットを実行し、表示されるダイアログで認証情報を入力します。

Azureへの接続

```
Connect-AzAccount
```

接続後は、接続時に使用した認証情報に応じて、Azure上のリソースやサービスの操作が可能になります。例えば、次のようなコマンドレットを実行できます。

ストレージアカウントを作成する

```
New-AzStorageAccount -Name <ストレージアカウント名> -ResourceGroupName
<リソースグループ名> -Location <リージョン名(英語)> -SkuName <レ
プリケーションオプション>
```

※ストレージアカウントについては、6日目で説明します。

特定の仮想マシンを再起動する

```
Restart-AzVM -ResourceGroupName <リソースグループ名> -Name <仮想
マシン名>
```

コマンドレットには「<動詞>-<名詞>」という名前付け規則が適用されているため、これを覚えておくと、どのようなコマンドレットなのかを想像しやすくなります。

参考

使用できるコマンドレットを探すにはGet-Commandが役立ちます。Azureを操作するコマンドレットには、名詞の先頭に「Az」が付いているため、これを利用して特定のコマンドレットを探すことができます。例えば、「Get-Command -Name *AzStorage*」と入力して実行すれば、「azstorage」という文字列が含まれるコマンドレットを探すことができます。

■ Azure Cloud Shell

Azure Cloud Shellは、Webブラウザー上でシェルを実行する機能を提供します。要は、Webブラウザー画面上でコマンドを入力して実行することができる管理ツールです。Webブラウザー画面でコマンドによる管理をおこないたい場合に活用します。

Azure Cloud Shellでは、「Bash（バッシュ）」と「PowerShell」の2種類のコマンド言語（シェル）が用意されています。この2つのどちらを使用するかについてはAzure Cloud Shellの起動時だけでなく、使用中であってもいつでも切り替えが可能で、使い慣れたほうを選択して使用できます。

参考

一般的には、WindowsユーザーであればPowerShellを、LinuxやmacOSユーザーであればBashを選択することが多いです。

● Azure Cloud Shellの使用

Azure Cloud Shellへアクセスするにはいくつかの方法がありますが、Azureポータル画面内の「Cloud Shell」アイコンをクリックするのが最も基本的な方法です。Azure Cloud Shellを初めて使用する際は、「ストレージアカウント」を作成するための画面が表示されます。ストレージアカウントは、ストレージサービスを使用するための「入れ物」となるリソースです（6日目参照）。Azure Cloud Shellでは、通信が切れてしまった場合でもユーザーが作成したデータなどを保持しておくために、ストレージアカウントを作成する必要があります。

次のように、所有するサブスクリプションを選択して [ストレージの作成]

をクリックすると、必要なリソースが最寄りのリージョンに自動的に作成され、Azure Cloud Shellが使用可能になります。

●Azure Cloud Shellへの初回アクセス画面

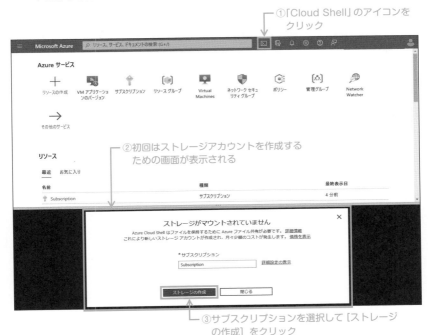

①「Cloud Shell」のアイコンをクリック

②初回はストレージアカウントを作成するための画面が表示される

③サブスクリプションを選択して［ストレージの作成］をクリック

注意 Azure Cloud Shellの利用にはストレージアカウントが必要となるため、ストレージアカウントに対する料金が発生します。料金の詳細については、以下のWebサイトを参照してください。
https://azure.microsoft.com/ja-jp/pricing/details/cloud-shell/#pricing

● Azure Cloud Shellを使用するメリット

Azure Cloud Shellを使用する1つの大きなメリットとして、Azure CLI

やAzure PowerShellモジュールの事前インストールが不要という点が挙げられます。

Azure CLIやAzure PowerShellをローカルの管理用コンピューターなどから使用する場合、事前にツールやモジュールをインストールする必要がありますが、Azure Cloud Shellでは、Azure CLIやAzure PowerShellモジュールが最初からインストールされています。そのため、Webブラウザーさえあれば、どこからでもコマンドを用いてAzureを管理することができます。

また、Azure Cloud Shellを開くとWebブラウザーの画面が上下に分割され、画面上部にAzureポータル、画面下部にAzure Cloud Shellのコマンド入力画面が表示されます。そのため、コマンド操作の結果をGUIですぐに確認できる点もメリットとして挙げられます。

●Azure Cloud Shellのプロンプト

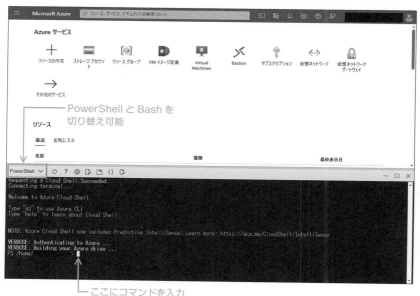

2-2 Azureのアーキテクチャ

POINT!

- どの管理ツールを使用した場合でも、その操作要求はAzure Resource Managerに送信される
- Azure Resource Managerは要求を受け取り、その要求を適切なリソースプロバイダーへ転送する
- リソースプロバイダーは要求内容に応じて、リソースの作成や変更などの処理をおこなう
- 一部の種類のリソースを使用するには、事前にリソースプロバイダーを登録しておく必要がある

Azure Resource Manager

　Azureはマイクロソフトが世界各地に展開するリージョンおよびデータセンターからサービスを提供していますが、パブリッククラウドサービスであるため、世界中の組織や利用者から様々な要求を同時に受け取ります。例えば、「東日本リージョンにVM1という名前の仮想マシンを作成したい」とか、「西日本リージョンにstorage1という名前のストレージアカウントを作成したい」といった要求です。マイクロソフト側は、これらの要求に応じて物理的なサーバーやストレージへリソースを割り当てますが、そこで不整合などが起きないように管理する必要があります。

　利用者からの要求を効率良く、かつ整合性を保ちながら実行するため、Azureの内部では**Azure Resource Manager**と呼ばれるエンジンが使用されています。Azure Resource Managerは、AzureポータルやAzure PowerShellなどの管理ツールからの要求を受け取り、その要求を適切な**リソースプロバイダー**へ転送します。そして、リソースプロバイダーによって実際に仮想マシンやストレージアカウントなどのリソースの作成や変更がおこなわれます。

●Azureのアーキテクチャ

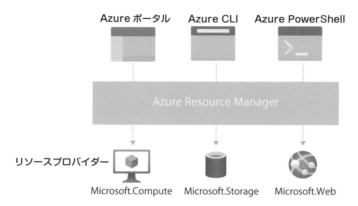

● リソースプロバイダー

　リソースプロバイダーは、Azure Resource Managerの背後に存在し、要求を実際に処理するプログラムおよびサービスです。代表的なリソースプロバイダーには、仮想マシンリソースを提供する**Microsoft.Compute**、ストレージアカウントリソースを提供する**Microsoft.Storage**、Webアプリケーションに関連するリソースを提供する**Microsoft.Web**などがあります。

　エンジンである Azure Resource Managerから転送される要求は、要求の内容に応じて適切なリソースプロバイダーに渡され、その上でリソースの作成や変更などがおこなわれます。

■ Azure Resource Managerとリソースプロバイダーの関係

　Azure Resource Managerとリソースプロバイダーの関係は、「大きなレストラン」の登場人物で考えると理解しやすいでしょう。

　Azureの利用者は、レストランで「料理を注文するお客様」と考えてください。注文した内容は、まず「レストランにおけるコック長」に届きますが、そのコック長となるのがAzure Resource Managerです。そして、注文内容には「和食」や「中華」、「イタリアン」などの様々なものが考えられますが、コック長は「特定の

ジャンル専門のコック」に対して指示をおこないます。その「特定のジャンル専門のコック」となるのが、リソースプロバイダーです。和食の注文については和食担当のコックが対応し、中華の注文については中華担当のコックが対応するように、仮想マシンの作成要求であればMicrosoft.Compute、ストレージアカウントの作成要求であればMicrosoft.Storageがリソースを作成します。

● レストランに置き換えたイメージ

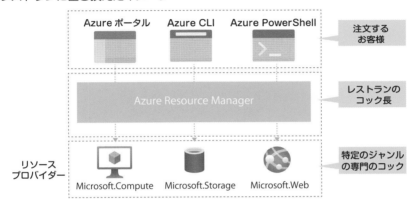

参考 3日目に説明するARMテンプレートを使用してリソースを作成する場合でも、Azure Resource ManagerがARMテンプレートの内容を受け取り、各リソースプロバイダーに転送します。

■ リソースプロバイダーの管理

リソースプロバイダーの管理は、Azureポータルの [サブスクリプション] の [リソースプロバイダー] のメニューからおこないます。使用可能なリソースプロバイダーはこの画面に表示されますが、特定のリソースプロバイダーを使用するには登録が必要です。

● リソースプロバイダーの管理

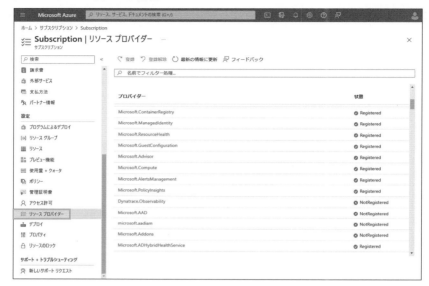

　この画面にはリソースプロバイダーの一覧が表示されますが、新しいサブスクリプションを取得した直後はほとんどのリソースプロバイダーが登録されておらず、[状態] 列が「NotRegistered」になっています。例えば、代表的なリソースプロバイダーである Microsoft.Compute （仮想マシンリソースを提供） なども登録されていません。

　多くのリソースプロバイダーは、必要に応じて自動で登録されます。例えば、仮想マシンを初めて作成したときには Microsoft.Compute が、ストレージアカウントを初めて作成したときには Microsoft.Storage が自動的に登録されます。したがって、ほとんどのケースでは、リソースプロバイダーを自分で登録する必要はありません。

参考

監視のためのリソースプロバイダーである microsoft.insights などのように、一部の種類のリソースに関しては、作成時にリソースプロバイダーが自動で登録されないものがあります。そのようなものについては、事前にリソースプロバイダーを手動で登録しておく必要があります。

試験にトライ！

Q 管理ツールのうち、Azureポータルを使用する際にアクセスするURL
として適切なものはどれですか。

A. https://admin.azure.com
B. https://portal.azure.com
C. https://admin.azurewebapp.com
D. https://portal.azurewebapp.com

A AzureポータルはWebベースの管理ツールであり、Microsoft Edgeな
どのWebブラウザーから「https://portal.azure.com」にアクセスし
て使用できます。アクセス後は認証をおこない、ポータルメニューなどから
Azureの各種サービスの構成や管理をおこなうことができます。
その他の選択肢のURLは、いずれもAzureポータルへのアクセスに使用するも
のではなく、実際に存在するURLでもありません。

正解　**B**

2日目のおさらい

リージョンに関する説明として適切ではないものはどれですか。

A. 世界各地のリージョン間は、Microsoftバックボーンネットワークによって接続されている

B. リージョンに含まれるデータセンターの詳細な所在地は公表されていない

C. どのリージョンを選択しても、共通のサービスや構成オプションが利用できる

D. マイクロソフトによって決定されたリージョンの組み合わせ情報はリージョンペアと呼ばれる

Azure Governmentのリージョンを使用できる機関や組織を表すものとして、適切なものはどれですか。

A. 中国にビジネスの拠点を持つ組織のみ

B. 米国政府機関とそのパートナーのみ

C. 無料サブスクリプションを取得した組織のみ

D. 機関や組織は問わない

特定のサブスクリプション内のすべてのリソースを管理できる管理権限を表すものとして、適切なものはどれですか。

A. アカウント管理者
B. サインアップ管理者
C. クォータ管理者
D. サービス管理者

 Azureの管理ツールのうち、次の特徴に該当する管理ツールとして適切なものはどれですか。

・Webブラウザーさえあれば利用できる
・GUIでリソースを管理できる

A. Azureポータル
B. Azure PowerShell
C. Azure CLI
D. Azure Cloud Shell

Q5 Azure Cloud Shellに関する説明として適切なものはどれですか。

A. 使用するにはローカルコンピューターのコマンドプロンプトで
「az login」を実行する
B. ツールやモジュールをローカルコンピューターに事前インストー
ルする必要がない
C. BashとPowerShellのどちらのコマンド言語 (シェル) を使用す
るかは初回しか選択できない
D. ストレージアカウントの作成は必須ではない

Q6 Azure Resource Managerの背後に存在し、要求を実際に処理す
るプログラムおよびサービスを表すものはどれですか。

A. リソースプロバイダー
B. クォータ
C. 管理ツール
D. リージョン

解 答

A1 C

Azure上のほとんどのサービスや構成オプションは、どのリージョン
でも利用可能です。ただし、一部のサービスや構成オプションの利用
は特定のリージョンのみに限定されていることに注意が必要です。

→ P.49、P.50、P.51、P.52

A2 B

Azure Governmentは、米国政府機関とその自治体などのパートナー
のみが使用できるリージョンです。Azure Governmentのリージョン
は特殊リージョンとして扱われており、通常のパブリックリージョン
とは物理的および論理的に分離されています。

→ P.53

A3 D

サブスクリプションのサービス管理者として指定された利用者は、そ
のサブスクリプション内のすべてのリソースを管理できる権限を持ち
ます。複数のサブスクリプションを持つ場合、サブスクリプションご
とに異なる管理者を指定することも可能です。

→ P.59、P.60

A4 **A**

Azureポータルは、Webブラウザーさえあれば使用可能で、GUI
でAzureを管理できるという特徴があります。Microsoft Edge や
Google Chromeなどで特定のURLにアクセスして簡単に使用できる、
最も代表的な管理ツールです。
そのほかの管理ツールは、GUIではなく、CUI（コマンド操作）が使用
されます。

→ P.64、P.65、P.66

A5 **B**

Azure Cloud Shellには、Azure CLIやAzure PowerShellモジュー
ルが最初からインストールされています。そのため、個々のコンピュー
ターにツールやモジュールをインストールすることなく、Webブラウ
ザーさえあれば、どこからでもコマンドを用いてAzureを管理するこ
とができます。

→ P.74、P.75、P.76

A6 **A**

Azure Resource Managerの背後に存在し、要求を実際に処理する
プログラムおよびサービスを表すものはリソースプロバイダーです。
各管理ツールからおこなわれた様々な操作の要求はAzure Resource
Managerに送信され、その背後に存在するリソースプロバイダーに転
送されて処理され、最終的にリソースの作成や変更などがおこなわれ
ます。

→ P.77、P.78

3日目

1 リソース管理に役立つ機能

- [ ] リソースグループ
- [ ] ロック
- [ ] タグ
- [ ] RBAC

1-1 リソースグループ

POINT!

・Azure上に作成する1つひとつの資源のことをリソースという
・リソースを束ねて管理するためにリソースグループがある
・種類の異なるリソースやリージョンの異なるリソースを1つのリソースグループに追加できる
・リソースグループは入れ子にすることはできない

　Azure上には、仮想マシンや仮想ネットワーク、ストレージアカウント、データベースなど様々なものを作成できます。作成したこれらの資源1つひとつのことを、リソースと呼びます。

● リソース

| 仮想マシン | 仮想ネットワーク | ストレージアカウント | データベース |

Azure上に作成された1つひとつの資源は、リソースと呼ばれる

リソースはAzureにおける最小の管理単位であり、各リソースは個別に管理することができます。Azureを使い始めたばかりであれば、リソースの数は少ないため、個別に管理するのも簡単です。しかし、リソースの数が多くなっていくと、どうでしょうか?

例えば、100台の仮想マシンがあるとします。この100台の仮想マシンに対して共通のアクセス権を設定するのに、仮想マシン単位で1つひとつ個別にアクセス権を設定するのは、とても骨が折れる作業です。

とくに組織でAzureを使用する場合は、数多くのリソースを取り扱うことも考えられるため、そのような環境でも効率的に管理をおこなうことが求められます。複数のリソースを効率良く管理するために、Azureにはリソースグループという機能があります。

■ リソースグループとは

リソースグループとは、複数のリソースを束ねて管理するための機能です。デプロイ(展開)や更新、削除といったライフサイクルを共有するリソースを同じリソースグループに追加することで、リソースをグループ単位でまとめて管理することができます。

リソースとリソースグループの関係は、ファイルとフォルダーの関係によく似ています。コンピューター上には、ドキュメントファイルや音楽ファイルなど、様々なファイルが存在します。各ファイルを1つひとつ管理することもできますが、共通の目的で使用するファイルは1つのフォルダー内にまとめることにより、効率良く管理をおこなうことができます。つまり、リソースグループは、ファイル管理で言うところの「フォルダー」に相当するものと考えることができます。

● リソースとリソースグループの関係

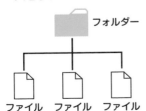

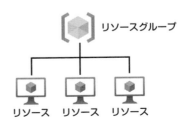

リソースグループの分け方はとくに決められていないため、組織が管理しやすいように、自由に分類できます。例えば、「リソースの種類ごと」や「部門ごと」、「プロジェクトごと」にリソースグループを分けることで、関連するリソースの管理性を向上できます。リソースグループ単位でアクセス権を設定したり、不要になったものを削除することが可能です。

●リソースグループの例

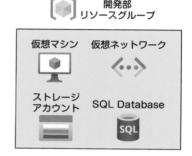

🔲 リソースグループの特徴

　リソースグループは、ファイル管理でいうところの「フォルダー」に相当するものだと説明しましたが、フォルダーと完全に同じではありません。通常のフォルダーとは異なる、リソースグループならではの特徴があります。これらの特徴は、Azureを使用する上での重要なルールともなるため、あらかじめ確認しておきましょう。

・リソースは、いずれか1つのリソースグループに追加する必要があるが、複数のリソースグループへの追加はできない

　リソースは、必ずいずれか1つのリソースグループに入ります。どのリソースグループにも含まれないリソースを作成することはできません。
　また、1つのリソースは、同時に複数のリソースグループに所属することはできません。例えば、ある仮想マシンを「開発部」リソースグループと「営業部」リソー

スグループの両方に追加することはできません。

> 1つのリソースを複数のリソースグループに追加することはできませんが、別のリソースグループへの移動は可能です。

・種類の異なるリソースを、1つのリソースグループに追加できる

1つのリソースグループには、種類の異なるリソースを混在させることができます。例えば、仮想マシンや仮想ネットワーク、ストレージアカウントなどを1つのリソースグループに含めることができます。これにより、特定のシステムを構成するリソース群を1つのリソースグループにまとめて管理することが可能です。

・リージョンの異なるリソースを、1つのリソースグループに追加できる

1つのリソースグループには、様々なリージョンのリソースを含めることができます。例えば、「東日本リージョンの仮想マシン」と「西日本リージョンの仮想マシン」の両方を、1つのリソースグループにまとめることが可能です。

・リソースグループは入れ子にすることはできない

ファイル管理では、フォルダーの下位にさらにサブフォルダーを作ることができますが、リソースグループの下位にはリソースグループを作成できません。つまり、リソースグループは入れ子にはできず、すべてのリソースグループは同レベルになります。

●リソースグループの特徴

すべてのリソースグループは同レベル

リソースグループの下位にさらにリソースグループをつくることはできない

> 試験では、リソースグループの特徴や使用する上でのルールについて問われます。

■ リソースグループの作成

　Azureポータルからリソースグループを作成するには、サービス一覧から [全般] のカテゴリ内にある [リソースグループ] をクリックし、表示される画面で [作成] をクリックします。作成時には、サブスクリプションの選択やリソースグループの名前の入力などをおこなう必要があります。

● リソースグループの作成

重要

Azure上に作成するリソースやリソースグループの名前は後から変更できないため、事前に組織で命名規則を検討して運用することが推奨されます。

参考

リソースグループの作成時には、リージョンの選択も必要です。リソースグループには、リソースについての付随情報（メタデータ）が格納されるため、リソースグループでのリージョン選択は「付随情報が格納される場所を指定する」という意味があります。

リソースグループの削除

　不要になったAzureリソースは、Azureポータルなどの管理ツールから削除できます。Azureのほとんどのリソースは存在するだけで課金が発生するため、課金を停止するにはリソースを削除する必要があります。

　リソースは個別に削除する以外に、リソースグループ単位で削除することも可能です。ただし、リソースグループ単位で削除する場合は、その中に含まれるすべてのリソースが削除されることに注意が必要です。また、リソースグループの設計にもよりますが、削除しようとしているリソースグループ内のリソースに、他のリソースグループ内のリソースと依存関係を持つものが含まれている可能性もあります。そのため、本番環境におけるリソースグループの削除は、慎重におこなう必要があります。なお、リソースグループの削除操作では、確認のために「リソースグループ名」の入力が必要です。

● リソースグループの削除

注意

　リソースグループ単位で削除する場合、その中に含まれるすべてのリソースが削除されます。

1-2 ロック

Azureをはじめとするクラウドサービスでは、簡単に仮想マシンなどのリソースを作成できます。その一方で、削除も簡単にできてしまうという特徴があります。苦労して作成や設定をおこなった仮想マシンであっても、たったワンクリックで消えてしまうのが、クラウドサービスの恐ろしいところです。

とくにビジネスに影響を及ぼすような重要なリソースは、誤って削除されないように保護したいというニーズがあります。それを実現するための機能として、Azureにはロックという機能があります。

■ ロックとは

ロックとは、Azureリソースに対する変更や削除を禁止する機能です。誤ってリソースが変更されたり削除されたりすることを防ぐため、とくに重要度の高いAzureリソースはロックしておくと、安心して使用できます。また、ロックを設定した本人であっても、ロックを解除しない限り特定の操作が禁止されるため、自身の操作ミスの防止にも役立ちます。

● リソースのロック

ロックされたリソースは、変更や削除の操作が禁止される

ロックの種類

ロックには次の2種類があり、種類によって禁止される操作が異なります。

● ロックの種類

ロックの種類	読み取り操作	変更操作	削除操作
削除	可	可	不可
読み取り専用	可	不可	不可

削除のロックは、削除のみを禁止するロックであり、リソースの設定確認や設定変更などは許可されます。一方、**読み取り専用**のロックは、削除に加えて変更も禁止されます。

例えば、実行中の仮想マシンに対して読み取り専用のロックをかけた場合には、その仮想マシンを削除できなくなるだけでなく、仮想マシンの停止などの操作もできなくなります。Webアプリケーションを実行中の仮想マシンに読み取り専用のロックを設定しておけば、他のユーザーが誤ってサービスを停止させる危険を回避できます。

ロック設定と継承

ロックはリソース単位で設定することもできますが、リソースグループ単位で設定することもできます。リソースグループ単位でロックを設定した場合、その設定は配下のリソースに引き継がれます。このように、上位のスコープ(範囲)で設定されたロックが下位に引き継がれることを「**継承**」と呼びます。

例えば、あるリソースグループに削除ロックを設定した場合は、リソースグループの削除だけでなく、そのリソースグループ内の個々のリソースの削除も禁止されます。そのため、関連するリソース群をまとめて保護したい場合には、そのリソース群を1つのリソースグループにまとめ、リソースグループ単位でロックを設定するとよいでしょう。

● ロック設定の継承

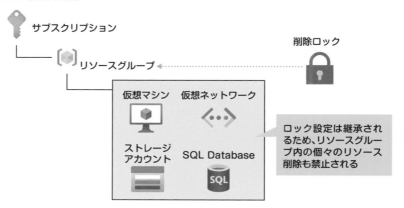

サブスクリプション

削除ロック

リソースグループ

仮想マシン　仮想ネットワーク

ストレージ
アカウント　SQL Database

ロック設定は継承され
るため、リソースグルー
プ内の個々のリソース
削除も禁止される

参考

サブスクリプション単位でロックを設定することも可能です。サ
ブスクリプション単位でロックを設定した場合、その配下のすべ
てのリソースグループとリソースに対してロックが継承されます。

　Azure ポータルでロックを設定するには、リソースグループやリソースの [ロック] のメニューで [追加] をクリックし、ロック名や種類を選択します。

● リソースグループに対するロック

1-3 タグ

POINT!

- タグは、キーと値のペアの情報で構成される
- タグを使用すると、リソースのわかりやすさを向上できる
- タグを用いてコストを集計できる

Azureでは様々な種類のリソースやリソースグループを作成できます。作成時には名前を付ける必要があり、仮想マシンの作成時には「仮想マシン名」、リソースグループの作成時には「リソースグループ名」を設定します。

一般的には組織で命名規則を検討し、それに沿ってリソースの名前を設定します。しかし、組織では数多くのリソースを取り扱う場合があるため、名前だけではそのリソースの用途や管理部門がわかりにくく、全体の管理性が低下してしまう可能性があります。そこで、リソースの管理性を向上するために、Azureにはタグという機能があります。

◼ タグ

タグは、リソースやリソースグループに付与できる情報であり、キー（名前）と値のペアで構成されます。リソースやリソースグループにタグを付けておくと、リソースの整理に役立ちます。

現実世界で考えるならば、組織が所有するデバイスや備品などに貼られるラベルをイメージするとよいでしょう。会社から支給されるコンピューターには、デバイスを管理するために「管理部門」や「資産管理番号」などと書かれたラベルが貼られています。Azureのリソースに対して、そのようなメモ書きを貼り付けられるのがタグの機能です。

タグの使い方は自由であり、組織が管理しやすいようにタグを定義して使用できます。例えば、リソースの管理部門や用途などを把握したいのであれば、「管理部

門：開発部」や「用途：テスト」などのようなタグをリソースに付与します。これにより、「管理部門：開発部」というタグが付いたリソースの一覧を表示できるようになり、リソースの検索性が向上します。また、タグはコスト分析の際の「フィルター」としても使用可能で、特定のタグが付いたリソースにどれくらいのコストが発生しているのかを確認できます。

● タグ付けされたリソース

タグの設定により、特定のタグが付いたリソースを検索したり、
コストを分析する時にタグごとの集計が可能

 試験では、タグの利点について問われます。

リソースへのタグ付け

　タグは、リソースの作成時に付与することも、既存のリソースに追加することもできます。Azureポータルでのリソース作成時にタグを付ける場合、作成途中に[タグ]タブが表示されるため、そこで任意の名前と値を入力してタグを設定します。既存のリソースのタグを確認または追加したい場合には、Azureポータルで該当のリソースの[タグ]のメニューを使用します。

● 既存リソースのタグの確認と追加

仮想マシン「VM1」に
タグを追加する

特定のタグがついたリソースの検索

Azureポータルで、特定のタグが付いたリソースを一覧表示したい場合には、サービスの一覧から [全般] のカテゴリ内にある [タグ] をクリックします。[タグ] の画面には Azure で使用されているタグの一覧が表示され、特定のタグをクリックするとそのタグが付いたリソースが表示されます。

●特定のタグが付いたリソースの検索

「管理部門：開発部」タグの付いた
リソース一覧

1-4 RBAC

POINT!

- ・アクセス制御をおこなうためにRBACという機能がある
- ・ロールはアクセス許可のコレクションである
- ・各スコープでのロール割り当てにより、許可される操作が決定される
- ・RBACを使用するには、スコープを理解しておく必要がある

■ リソースに対するアクセス制御の必要性

　組織内には様々な部署や役職の異なるユーザーが存在するため、リソースやデータに対するアクセス制御を適切におこなう必要があります。例えば、従業員が使用する共有フォルダーであっても、「UserAには読み取りだけを許可する」や「UserBには書き込みや削除も許可する」といったように、ユーザーに応じてきめ細かなアクセス制御が求められます。

　リソースやデータに対するアクセス制御は、Azureなどのクラウドサービスにおいても重要です。とくに複数のユーザーが利用している場合は、「どのユーザーがどのリソースにアクセスできるか」や「どのユーザーがどのリソースに対してどのような操作を実行できるか」を管理する必要があります。例えば、次のようにリソースに対するアクセス制御を行う場合が考えられます。

- ・UserAには、リソースグループA内の仮想マシンの起動と停止を許可する
- ・UserBには、リソースグループB内のストレージアカウントの閲覧のみを許可する
- ・UserCには、リソースグループA内のすべてのリソースへのフルコントロールのアクセスを許可する
- ・ユーザーグループDevには、サブスクリプション内にあるすべてのSQL Databaseへのフルコントロールのアクセスを許可する

この例では、UserA、UserBはリソース単位、UserCはリソースグループ単位に権限を設定します。このように、権限を設定する範囲（スコープ）や設定する権限の種類は、ユーザーやユーザーグループごとに異なります。

●リソースに対するアクセス制御の例

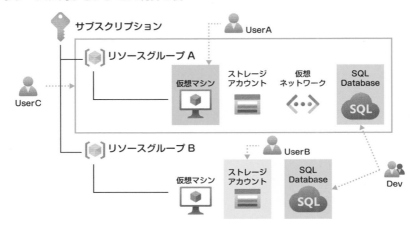

■ RBACとは

　2日目で、サブスクリプションごとに異なる管理者を配置できることを説明しました。しかし、「管理者」か「非管理者」かだけでは、組織が求めるアクセス制御を実現するには不十分です。上記のようなきめ細かなアクセス制御を実現できる機能として、AzureにはRBACという機能があります。

　RBACとは、Role-Based Access Controlの略で、日本では「ロールベースのアクセス制御」とも呼ばれます。ロールは「役割」という意味なので、役割に基づいたきめ細かなアクセス制御ができる機能と考えるとよいでしょう。
　RBACにより、サブスクリプションやリソースグループ、リソースといった各スコープに対して、きめ細かなアクセス制御をおこなうことができます。前述の例のようなアクセス制御はもちろん、「仮想マシンの起動だけができる」や「ストレージアカウントの読み取りだけができる」のように、より限定的な操作だけを許可す

るアクセス権を付与することも可能です。これにより、組織でのAzureの使用に
おいて、様々なアクセス制御のニーズに対応できるようになっています。

■ 組み込みロール

RBACでは、サブスクリプションやリソースグループなどのスコープで、ユー
ザーやグループに対して**ロール**（役割）を割り当てます。各スコープでどのような
操作が実行できるかは、割り当てたロールによって決定されます。そのため、ロー
ルは「アクセス許可のコレクションである」という表現もできます。

Azureでは、契約後すぐにRBACによるアクセス制御をはじめられるように、
数多くの**組み込みロール**が用意されています。代表的な組み込みロールには次のよ
うなものがあります。

● 代表的な組み込みロール

ロール	説明
所有者	他のユーザーへのアクセス権を付与（委任）する権限を含め、すべてのリソースへのフルコントロールのアクセス権を持つ。
共同作成者	すべてのリソースへのフルコントロールのアクセス権を持つ。ただし、他のユーザーへのアクセス権の付与（委任）はできない。
閲覧者	既存のリソースの表示だけができる。

Azureには、120個を超える組み込みロールが用意されています。
組み込みロールの一覧や詳細については、以下のWebサイトを
参照してください。
https://learn.microsoft.com/ja-jp/azure/role-based-access-control/built-in-roles

組み込みロールで組織のニーズを満たすことができない場合は、
独自のカスタムロールを作成して使用できます。例えば、「仮想マ
シンの作成と停止だけを許可する」など特定の操作だけを許可す
るロールが必要な場合には、カスタムロールの定義が必要です。

■ スコープの理解

　RBACでは、サブスクリプション、リソースグループ、リソースの各スコープで、ユーザーやグループに対してロールを割り当てます。それにより、割り当てたロールに基づいてスコープ内でのアクセス制御がおこなわれ、許可された操作のみ実行できるようになります。したがって、意図した通りにアクセス制御を設定するには、割り当てるロールの内容を理解しておくことに加え、**スコープ**についても正しく理解しておく必要があります。誤った設定によって必要な操作が実行できなくなることのないよう、以下の図でスコープの違いをあらためて確認しておきましょう。

● スコープの違い

　効率良くアクセス権を設定できるように、上位のスコープでのロール割り当てによって設定されたアクセス権は、下位に継承されます。そのため、サブスクリプションのスコープでロールを割り当てた場合にはその配下のリソースグループとリソースに、リソースグループのスコープでロールを割り当てた場合にはその配下のリソースにアクセス権が適用されます。このように、同じアクセス権を複数のリソースに適用したい場合には、上位のスコープでのロール割り当てを検討するとよいでしょう。

設定によっては、1人のユーザーに異なる複数のロールが割り当てられる可能性があります。複数のロールが割り当てられている場合には、割り当てられたロールの和集合が実際のアクセス許可となります。

ロールの割り当てと確認

Azureポータルでロールを割り当てるには、サブスクリプションやリソースグループなど、割り当てをおこなうべきスコープの管理画面に移動し、[アクセス制御 (IAM)] のメニューをクリックし、[追加]、[ロールの割り当ての追加] の順にクリックします。すると、次のような画面が表示され、割り当てるロールを選択したり、割り当て先となるユーザーやグループなどを指定して設定を保存できます。

● ロールの割り当ての追加

なお、割り当てたロールは、[アクセスの確認] タブや [ロールの割り当て] タブで確認できます。[アクセスの確認] タブは、自分自身に割り当てられているロールの確認や、指定したユーザーやグループに割り当てられているロールを確認したい場合に便利です。ロールごとの割り当て状況を確認したい場合には、[ロールの割り当て] タブを使用するとよいでしょう。

●[ロールの割り当て] タブでの確認

Q 次のリソースグループに関する説明のうち、適切なものはどれですか（2つ選択）。

A. 1つのリソースを、2つのリソースグループの両方に追加できる
B. リソースグループには、同じ種類のリソースのみ追加できる
C. リソースグループには、異なるリージョンのリソースを追加できる
D. リソースグループを削除すると、その配下のリソースもすべて削除される

A リソースグループには、異なるリージョンのリソースを追加できます。そのため、「東日本リージョンの仮想マシン」と「西日本リージョンの仮想マシン」を、1つのリソースグループに追加できます。また、リソースグループを削除するとその配下のリソースはすべて削除されるため、リソースグループの削除の操作は慎重におこなう必要があります。
1つのリソースを、2つのリソースグループの両方に追加することはできません。また、リソースグループには異なる種類のリソースを追加することが可能です。例えば、1つのリソースグループに、仮想マシンとストレージアカウントを混在させることができます。

正解 C、D

3日目 ① リソース管理に役立つ機能

2 その他の管理機能

☐ ARMテンプレート
☐ Azure Policy
☐ Azure Advisor

2-1 ARMテンプレート

POINT!

・似たようなリソースを効率良く作成するためにARMテンプレートを活用できる
・ARMテンプレートはJSON形式で記述して使用する
・数多くのARMテンプレートのサンプルが提供されている

　もし、似たような表を持つExcelファイルを複数作成したい場合、どのような方法を思い付くでしょうか？　Excelファイルを1つずつ新規に作成して、ファイルごとに表を作成していくのは手間がかかります。テンプレート（ひな形）となるファイルを1つ用意して、それを流用していけば、似たようなExcelファイルを効率良く作成できるでしょう。

　Azureでも同じことが言えます。仮想マシンなどのリソースは、Azureポータルから手動で作ることもできますが、似たような仮想マシンを複数作成する場合には、テンプレートが役立ちます。

■ ARMテンプレートとは

　Azureでのリソース作成において、似たようなリソースを効率良く作成するた

めに活用できるのが ARM テンプレートです。2日目で、Azureの内部ではAzure
Resource Manager（ARM）というエンジンが使用されていることを説明しま
したが、そのエンジンが解釈できる形のテンプレートという意味で、ARMテンプ
レートと呼ばれています。

ARMテンプレートは、展開するリソースとその構造をJSON（JavaScript
Object Notation）という形式で記述します。JSON形式は、「＜キー＞:＜値＞」
のように、キーと値のペアで構成されます。なお、大文字と小文字は区別されるた
め、文字列を指定する際は注意が必要です。ARMテンプレートでは、{ }（波かっ
こ）内の「$schema」や「parameters」などの各セクションに情報を記述し、そ
の内容に基づいて仮想マシンなどのリソースを作成できます。

● ARMテンプレートから新しいリソースを作成

ARM テンプレート

```
{
  "$schema":"https://schema.management.azure.com/schemas/2019-04-
01/deploymentTemplate.json#",
  "contentVersion": "1.0.0",
  "parameters": {
    "vmName": {
      "type": "string",
      "defaultValue": "demo-vm1",
      "metadata": {
        "description": "VM name"
      }
    }
```

デプロイ　　新しい
　　　　　　リソース

本書ではARMテンプレートを中心に扱っていますが、近年
はBicepという新しい言語を用いたテンプレートも使用できま
す。Bicepについては、以下のWebサイトを参照してください。
https://learn.microsoft.com/ja-jp/azure/azure-resource-
manager/bicep/overview?tabs=bicep

ARMテンプレートを使用するメリット

先ほどはExcelファイルを例にテンプレートを使用するメリットを説明しまし

たが、あらためてARMテンプレートを使用するメリットについて整理しておきましょう。とくに、組織でAzureを使用する場合、似たようなリソースを複数作成する機会が多いため、次のようなメリットを得ることができます。

● エラーの削減

仮想マシンなどのリソースを作成する際には多くのパラメーターの指定が必要であるため、1つ1つ手作業で設定すると時間がかかり、設定ミスも起きやすくなります。ARMテンプレートを使用すれば、確実に毎回同じ方法でデプロイすることができます。

● 一貫性のあるデプロイの実現

例えば、仮想マシンなどのリソースを作成する際には、仮想マシン名などのパラメーターを一定の命名規則に従って設定したり、使用するストレージの種類を統一して作成する場合がよくあります。手作業によるリソース作成では、1つ1つのパラメーターをその都度入力していくため、一貫性のあるデプロイを実現しにくい面がありますが、ARMテンプレートを使用すれば実現しやすくなります。

● 再利用性の向上

一度作成したARMテンプレートは、いつでも繰り返し利用できます。そのため、単純に似たようなリソースを作るだけでなく、「後で同じリソースのセットが必要になったときにARMテンプレートからデプロイする」「テスト環境で利用したARMテンプレートと同じものを運用環境で使用する」など、再利用性を向上できます。

■ ARMテンプレートのサンプルの活用

ARMテンプレートを一から作成することは、膨大な情報を記述する必要があるため、あまり現実的ではありません。そこで通常は、マイクロソフトのWebサイトに公開されているサンプルを活用します。このWebサイトには、「仮想マシンの作成」や「ストレージアカウントの作成」などの一般的な操作に対応する数多くの

テンプレートのサンプルが公開されています。公開されているテンプレートをそのまま利用するのはもちろんのこと、内容を部分的にカスタマイズして利用することも可能です。

● サンプルを公開している Web サイト

```
https://learn.microsoft.com/ja-jp/samples/browse/?expanded=azure&produ
cts=azure-resource-manager
```

　このWebサイトで公開されているテンプレートは、Webブラウザーから直接アクセスして内容を参照できるほか、Azureポータルなどからも利用できます。Azureポータルからテンプレートを使用する場合は、サービス一覧から [その他]のカテゴリ内にある [カスタムテンプレートのデプロイ] をクリックします。そして、表示された [カスタムデプロイ] 画面で、利用するテンプレートを選択できます。

3日目

2 その他の管理機能

● Azure ポータルでの ARM テンプレートの利用

> すでにあるものを一から作成することは、「車輪の再発明」とい
> う慣用句で表現されます。とくにプログラミングの世界では、一
> 般的なニーズに対応できるように、すでに多くのテンプレートが
> 揃っていることが少なくありません。それをうまく活用すること
> により、余計な労力や時間をかけずに組織のニーズを実現できま
> す。

2-2 Azure Policy

POINT!

- ・組織独自のビジネスルールに沿った運用をおこなうために Azure Policy がある
- ・数多くの組み込みのポリシー定義が用意されている
- ・割り当て時に選択するスコープにより、ポリシーの内容を強制する範囲が決定される

■ ビジネスルールに基づいた Azure の使用

Azure では、任意のリージョンやサイズなどのパラメーターを指定してリソースを作成できます。例えば、仮想マシンを作成するときは、東日本や米国東部などの複数の選択肢から任意のリージョンを選択できます。また、仮想マシンのサイズにも豊富な選択肢があり、低コストの汎用タイプから、ハイパフォーマンスコンピューティング用の高コストのサイズまで選択できます。

●豊富な選択肢

個人で Azure を使用するなら、その利用者の責任において、豊富な選択肢の中から好きなものを選択すればよいでしょう。しかし、組織で使用する場合にはどうでしょうか? 「自由に選べる」ことが、必ずしもよい方向に働くとは限りません。組織によっては独自のビジネスルールがあり、次のように、特定の操作や選択肢を制限したいという事例が考えられるからです。

①組織の独自のコンプライアンス要件がある

　例えば、「日本国内のリージョンだけを使用する」などのビジネスルールがある場合は、リソース作成時に任意のリージョンが選択できるのは不都合です。

②不要なリソースの種類や不適切な構成での作成を制限したい

　Azureではリソースに対してコストが発生するため、業務に不要な種類のリソースが作成できたり、必要以上のサイズの仮想マシンが選択できたりすることは、余計なコストを増やす要因になります。

③リソース管理の一貫性を高めたい

　ユーザーがパラメーターやタグを自由に設定できる状態では、多数のユーザーやリソースを一貫性をもって管理することが難しくなります。管理の一貫性を高めるには、パラメーターの選択肢を制限したり、リソース作成時に規定のタグを付けるなどの方法があります。

　こうしたニーズに対応するには、リソースの設定や操作に一定の制限やルールを設ける必要があります。これらの制限やルールのまとまりを**ポリシー**（「方針」「政策」などの意味）といいます。

Azure Policyとは

　Azure Policyは、ポリシーの作成や割り当ておよび管理ができるAzureの機能です。ポリシーの作成と割り当てによって、リソースに関する様々なルールを強制できます。例えば、ポリシーに準拠するパラメーターのリソース作成のみを許可したり、特定の種類のリソース作成のみを許可するように構成できます。また、リソースの作成時に特定のタグの付与を必須にし、リソース管理の一貫性を高めることもできます。

　このように、Azure Policyを使用することで、前述したような組織のビジネスルールに基づいたAzureの使用環境を実現できます。

● Azure Policy を実装した Azure 環境

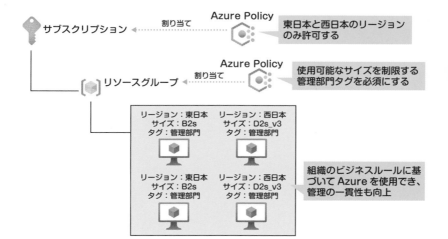

3
日目

2 その他の管理機能

 試験では、Azure Policy が役立つ様々な事例について問われます。

組み込みのポリシー定義

　Azure Policy を使用するには、最初にポリシー定義を作成または確認します。一般的な組織のニーズに対応するポリシー定義が最初から用意されており、それらの**組み込みのポリシー定義**を利用して構成をおこなうことが可能です。

　組み込みのポリシー定義は、Azure の各管理ツールから確認できます。Azure ポータルから確認をおこなう場合は、サービス一覧から [Management and governance（管理＋ガバナンス）] のカテゴリ内にある [ポリシー] をクリックします。そして、[ポリシー] 画面で [定義] のメニューをクリックすると、ポリシー定義の一覧が表示されます。なお、Azure 画面上部の [カテゴリ] や [検索] のボックスを使用することで、目的のポリシー定義を探しやすくなります。

● ポリシーの［定義］

代表的な組み込みのポリシー定義には次のようなものがあります。

● 代表的な組み込みのポリシー定義

ポリシー定義	説明
使用できるリソースの種類	展開できるリソースの種類を制限する。この定義済みリストに含まれていない種類のリソースの展開は拒否される。
許可されている場所	リソース展開時に選択可能なリージョンを制限する。
許可されている仮想マシンサイズSKU	仮想マシンのリソースについて、展開および使用できるサイズを制限する。
タグとその値をリソースに追加する	リソースの展開または更新時に特定のタグが設定されていない場合に、必要なタグとその既定値を追加する。

参考

Azureには、様々な組織のニーズに対応できるよう、非常に多くの組み込みのポリシー定義があります。組み込みのポリシー定義の一覧や詳細については、以下のWebサイトを参照してください。
https://learn.microsoft.com/ja-jp/azure/governance/policy/samples/built-in-policies

組み込みのポリシー定義によって一般的な組織のほとんどのニーズに対応できるはずですが、目的の達成に適したポリシー定義がない場合には、新しいポリシー定義を作成して使用できます。

■ ポリシーの割り当て

　組織の目標を達成するためのポリシー定義を見つけることができたら、その割り当てを設定します。ポリシー定義は、サブスクリプションやリソースグループをスコープとして割り当てることができ、選択したスコープによってポリシーの内容を強制する範囲が決定されます。

　なお、サブスクリプションをスコープとして割り当てたポリシー定義は、リソースグループに継承されます。そのため、すべてのリソースグループを対象としたポリシー定義を使用したい場合はサブスクリプションへの割り当てをおこない、特定のリソースグループだけを対象としたポリシー定義を使用したい場合はそのリソースグループへの割り当てをおこなうとよいでしょう。

● ポリシーの割り当てと継承

　割り当てを設定するには、[ポリシー] 画面の [割り当て] のメニュー内で [ポリシーの割り当て] をクリックし、スコープや割り当てるポリシー定義の選択、割り当て名などを設定します。さらに、使用するポリシー定義に合わせて [パラメーター] タブでパラメーターを指定します。例えば、組み込みのポリシー定義である [許可されている場所] を使用する場合には、[パラメーター] タブで許可するリージョンを選択します。

● ポリシーの割り当て - [基本] タブ

● ポリシーの割り当て - [パラメーター] タブ

このように割り当ての設定をおこなうことで、指定したスコープ内に作成される
リソースはポリシーの内容に基づいて制御されます。例えば、組み込みのポリシー
定義である［許可されている場所］を割り当て、東日本または西日本のリージョン
だけを許可するように構成したとします。以降は、仮想マシンなどのリソース作成
時に許可されたリージョン以外を選択しようとすると、ポリシーに準拠していない
旨を表すメッセージが表示されます。そのまま作成を進めても、ポリシーによって
リソース作成の検証に失敗し、作成できないよう制御されます。

● リソース作成時の制御 ─ ポリシーに反するため、エラーになる

 複数のポリシー定義を同時に使用したい場合には、イニシアティ
ブ定義を作成すると便利です。イニシアティブ定義は複数のポリ
シー定義をグループ化できる定義であり、ポリシー管理と割り当
てを簡略化できます。

2-3 Azure Advisor

　組織の経営にも様々な手法がありますが、誤った手法で経営を続けてしまうと、
業績が低迷してしまったり、財政難に陥ってしまうことが考えられます。

　Azureも同様に、環境およびリソースに関する様々な使い方がありますが、誤っ
た使い方により、余計なコストが発生してしまったり、セキュリティ面での問題が
起きやすくなってしまうことが考えられます。それらに気付かずにそのまま使い続
けてしまうと、請求金額が想定以上になったり、脆弱性が悪用されて情報漏えいが
起きてしまう可能性があります。そのような誤った使い方がおこなわれないよう
に、アドバイスがもらえると助かります。

■ Azure Advisorとは

　現実世界には、「コンサルタント」という職種があります。コンサルタントの主
な仕事内容は、特定の問題や課題に対して助言をおこない、その解決へと導くこと
です。例えば、経営コンサルタントは現状の経営に関する課題を抽出し、それを改
善するためのアドバイスなどを提供します。

　Azure Advisorは、Azure環境および存在するリソースをスキャンし、アドバ
イスを提供する機能です。つまり、「コンサルタント」のように、Azureを使う上
で問題が起きないようにするためのアドバイスを提供します。Azure Advisorに
よって、既存のAzure環境内のリソースの構成や利用統計情報などが分析され、
マイクロソフトでの推奨事項（ベストプラクティス）と比較した結果が返されます。

● Azure Advisor のイメージ

ほとんど使用されていない仮想マシンがあるようです。
コストを抑えるために停止するとよいですよ

Advisor　　　　　　　コンサルタント

BLOB データの偶発的な削除から守るために、
論理的な削除を有効にするとよいですよ

■ Azure Advisor の使用

Azure Advisorを使用するには、サービス一覧から [Management and governance（管理＋ガバナンス）] のカテゴリ内にある [Advisor] をクリックします。このメニューをクリックするだけで環境がスキャンされて、カテゴリごとに推奨事項に従っているかどうかの結果が表示されます。

● Azure ポータルの Advisor

　表示される推奨事項には、「コスト」「セキュリティ」「信頼性」「オペレーショナルエクセレンス」「パフォーマンス」という5つのカテゴリがあります。各カテゴリに関して、推奨事項に従っていないリソースが検出された場合は、その数や具体的な内容が表示されます。

　例えば、CPU使用率が低いなど、ほとんど使用されていないような仮想マシンがある場合には、その仮想マシンをシャットダウンするかサイズを変更するような提案が「コスト」のカテゴリに表示されます。また、ストレージアカウント内のBLOBデータについて、誤操作による上書きや削除などからの保護に役立つ「論理的な削除」という機能が無効になってしまっている場合には、「信頼性」のカテゴリでその機能を有効にするように提案されます。

カテゴリごとに表示される推奨事項の詳細は、以下のWebサイトを参照してください。
https://learn.microsoft.com/ja-jp/azure/advisor/advisor-overview

3日目のおさらい

問 題

Q1 複数のリソースを束ねて管理するための機能として適切なものはどれですか。

A. リージョン
B. リソースグループ
C. ロック
D. ARMテンプレート

Q2 リソースグループの操作に関する説明のうち、適切ではないものはどれですか。

A. 種類の異なるリソースを1つのリソースグループに追加できる
B. リソースグループの配下にはリソースグループを作成できない
C. リソースグループの作成時には、名前やリージョンなどを指定する
D. リソースグループを削除しても、その中に含まれるリソースは削除されない

Q3

ある仮想マシンは重要度が高いため、リソースに対して誤って変更や削除がおこなわれないようにロックしたいと考えています。使用するべきロックの種類はどれですか。

A. 削除
B. 変更
C. 書き込み専用
D. 読み取り専用

Q4

タグを使用することで得られる利点として適切なものはどれですか（2つ選択）。

A. リソースを探しやすくなる
B. タグごとにリソースのコストを集計できる
C. リソースの誤った削除を防止できる
D. 似たようなリソースを効率よく作成できる

Q5

RBACに関する説明として、適切ではないものはどれですか。

A. RBACはきめ細かなアクセス制御を実現するための機能である
B. サブスクリプションやリソースグループなどをスコープとして指定できる
C. 各スコープでどのような操作が実行できるかは、割り当てたロールによって決定される
D. 上位のスコープでのロール割り当てによって設定されたアクセス権は、下位に継承されない

JSON形式で記述して使用することができ、似たようなリソースを複数作成する際に役立つAzureの機能として適切なものはどれですか。

A. タグ
B. ARMテンプレート
C. クォータ
D. リソースプロバイダー

3
日目

 ある組織では、Azureの利用において、東日本と西日本のリージョンだけの使用を許可したいと考えています。このシナリオの実現に役立つ機能として適切なものはどれですか。

A. ロック
B. RBAC
C. Azure Policy
D. Azure Monitor

 Azure環境および存在するリソースをスキャンし、アドバイスを提供する機能として適切なものはどれですか。

A. Azure Advisor
B. Azure Policy
C. リソースグループ
D. クォータ

解 答

A1 B

複数のリソースを束ねて管理するための機能は、リソースグループです。リソースグループは、ファイル管理で言うところの「フォルダー」に相当するもので、リソースグループ単位でアクセス権を設定したり、不要になったものをリソースグループ単位で削除することが可能です。

➡ P.88、P.89

A2 D

リソースグループを削除すると、その中に含まれるすべてのリソースが削除されます。そのため、本番環境におけるリソースグループの削除は、慎重におこなう必要があります。

➡ P.90、P.91、P.92、P.93

A3 D

ロックの種類には、[削除] と [読み取り専用] という2種類があります。[削除] のロックは、削除のみを禁止するロックです。一方、[読み取り専用] のロックは、削除に加えて変更も禁止されるため、今回のシナリオに適しています。

➡ P.94、P.95

A4 A、B

リソースにタグを付与すると、特定のタグが付いたリソースを一覧表示できるため、リソースの検索性が向上します。また、タグはコスト分析時のフィルターとしても使用できるため、特定のタグが付いたリソースにどれくらいのコストが発生しているのかを確認することにも役立ちます。

➡ P.97、P.98

A5 D

上位のスコープでのロール割り当てによって設定されたアクセス権は、下位に継承されます。例えば、リソースグループのスコープでロールを割り当てた場合にはその配下のリソースにアクセス権が適用されるため、同じアクセス権を複数のリソースに効率よく適用できます。

➡ P.102、P.103、P.104

A6 B

ARMテンプレートは、似たようなリソースを効率よく作成するために活用できます。展開するリソースとその構造をJSON形式で記述して使用し、記述された内容に基づいて仮想マシンなどのリソースを作成できます。

➡ P.108、P.109

A7 C

Azure Policyの構成により、リソースに関する様々なルールを強制できます。例えば、ポリシーに準拠するパラメーターのリソース作成のみ許可したり、特定の種類のリソース作成のみ許可するように構成できます。

→ P.113、P.114、P.115

A8 A

Azure Advisorは、Azure環境および存在するリソースをスキャンし、アドバイスを提供する機能です。既存のAzure環境内のリソースの構成や利用統計情報などが分析され、マイクロソフトでの推奨事項に従っているかどうかの結果を返します。

→ P.120、P.121

4日目

1 仮想マシンの基礎知識

- [ ] 仮想マシン
- [ ] サイズ
- [ ] ディスク
- [ ] イメージ
- [ ] 可用性セットおよび可用性ゾーン

1-1 仮想マシンサービスの概要

POINT!

- ・仮想マシンサービスは代表的なIaaSのサービスである
- ・作成した仮想マシンはAzureデータセンター内で実行される
- ・仮想マシンの作成時には様々なパラメーターを指定する必要がある

■ コンピューターの動作に必要なもの

　仮想マシンサービスは、クラウド上に「仮想的なコンピューター」を作成し、実行できるというサービスです。Azure上で、どのように仮想マシンが実行されるのでしょうか？　その説明の前に、まずはコンピューターそのものについて、ここでおさらいしておきましょう。

　コンピューターは電子計算機とも呼ばれ、情報を受け取り、処理した結果を出力することができる装置です。コンピューターを動作させるには、主に次のようなハードウェアとソフトウェアが必要になります。

●コンピューターの動作に必要なもの

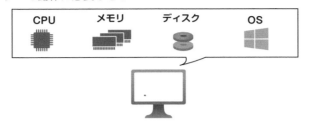

コンピューターを動作させるには、これらの装置（ハードウェアやOS）が必要

4
日目

□
仮想マシンの基礎知識

● CPU (Central Processing Unit)

　プロセッサーとも呼ばれ、コンピューター内の演算処理や接続される各装置の制御をおこなうための装置です。仮想マシンのCPUは**vCPU**（仮想CPU）と呼ばれ、物理的なCPUの動作をソフトウェア的に実現した仮想的なCPUです。

● メモリ

　コンピューターの動作中にプログラムやデータを一時的に記憶するための装置です。データを処理するため、ディスク内のデータはメモリに読み込まれ、処理後に保存しておきたいデータはメモリからディスクに書き込まれます。

● ディスク（ストレージ）

　コンピューターが利用するプログラムやデータを記憶するための装置です。ディスクの種類は大きく分けて、円盤状の磁気ディスクを用いて読み書きをおこなう**HDD**（ハードディスクドライブ）と、半導体メモリの一種であるフラッシュメモリを用いて読み書きをおこなう**SSD**（ソリッドステートドライブ）の2種類があります。SSDのほうがより高速に読み書きをおこなうことができますが、HDDに比べて高価です。

● OS（オペレーティングシステム）

　基本ソフトウェアとも呼ばれ、コンピューターを利用するための基本的な機能を提供するソフトウェアです。代表的なOSには、WindowsやLinux、 macOSなどがあります。OSは、**アプリケーション**（応用ソフトウェア）を動作させるための基盤でもあります。コンピューターに電源を投入すると、まず最初にOSが起動します。WordやExcel、Webブラウザーといったアプリケーションは、このOS上で動作します。

■ 仮想マシンサービス

　自宅や組織内で使用されているコンピューターは、上記のような装置やソフトウェアが組み合わされて1台のコンピューターとして動作します。後からコンピューターの台数を変更したり、コンピューターの性能を高めようと思っても、その装置の調達のための時間などが必要になるため、すぐに対応するのは難しいと言えます。

　Azureの**仮想マシンサービス**（Azure Virtual Machines）は、クラウドのサービスモデルでいうとIaaSに分類されるサービスの1つです。仮想マシンサービスは、Azureのデータセンター内にあるリソースを使用して、「仮想的なコンピューター」を作成して実行します。そのため、自宅や組織内で使用されるコンピューターに比べて簡単に作成でき、後から台数や性能を変更したいという場合にも素早く対応できます。

　では、Azureデータセンター内では、実際にどのように仮想マシンが実行されているのでしょうか？
　Azureデータセンター内には数多くの**ラック**（サーバーを収納する棚）があり、そのラックには**ブレード**と呼ばれる取りはずし可能なコンピュータが多数格納されています。各ブレードでは、Windows Serverを実行するHyper-Vサーバー（ホスト）が動作しています。**Hyper-V**とは、サーバー仮想化を実現するソフトウェアであり、1台の物理サーバーをソフトウェア的に分割し、用途の異なる複数台の仮想マシンを1台の物理サーバー上で運用できる仕組みです。つまり、Azureデータセンター内のホスト上に仮想マシンを作成して実行できるのが、Azure仮想マシンサービスです。

● データセンター内のHyper-Vサーバー

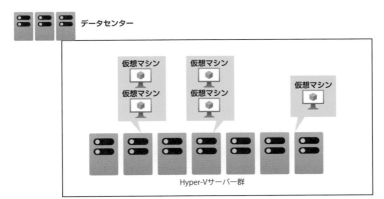

４日目

1 仮想マシンの基礎知識

　具体的にデータセンター内のどのホスト上で仮想マシンが実行されるかなどはマイクロソフトが管理しており、ユーザーが意識する必要はありません。必要なパラメーターを指定して仮想マシンを作成するだけで、データセンター内のホスト上に仮想マシンが作成され、インターネットを介して自由に使用できます。

　なお、クラウド上に作成された仮想マシンのリソースを、**インスタンス**といいます。

■ 仮想マシンの作成に必要な主なパラメーター

　仮想マシンの作成そのものは、数分で完了します。ただし、仮想マシンの作成時に設定するパラメーターは非常に多く、それらを理解した上で作成する必要があります。仮想マシンの作成時に必要となる主なパラメーターには次のものがあります。

● 仮想マシンの名前

　リソースとしての仮想マシンの名前です。設定した名前は仮想マシンを識別するためだけでなく、ディスクなどの関連するリソース群の名前の一部にも使用されます。また、仮想マシンで実行されるOSでのホスト名（コンピューター名）としても使用されます。

● リージョン

仮想マシンの作成先となるリージョンです。リージョンによって、仮想マシンで選択可能なサイズや可用性オプション、発生するコストなどが異なります。そのため、組織が定めているコンプライアンス要件だけでなく、可用性オプションの必要性なども考慮してリージョンを選択する必要があります。

● サイズ

仮想マシンの性能を決定するパラメーターです。選択するサイズによって仮想マシンの処理能力や割り当てられるメモリ容量が異なるため、仮想マシンの用途や求められるパフォーマンスに適したサイズを選択する必要があります。

● ディスク

仮想マシンで使用するディスクの種類や、追加データディスクなどの構成です。ディスクの種類の選択肢には、Premium SSDやStandard HDDなどがあり、種類によってコストやディスクパフォーマンスが異なります。

● イメージ

インストールされるOSやソフトウェアの内容です。仮想マシンにインストールされるOSは、選択するイメージによって決まります。WindowsまたはLinuxのベースイメージのほか、サードパーティー製のソフトウェアを含むものなど、様々なイメージが選択できます。

● 可用性オプション

仮想マシンの可用性を高めるためのオプションです。可用性オプションを指定した複数の仮想マシンを配備して、Azureの障害時やメンテナンス時に同時に停止しないように構成することができます。

● 仮想ネットワークおよびサブネット

仮想マシンを接続する仮想ネットワークおよびサブネットを指定するパラメーターです。Azureでは、仮想ネットワークを使用して、Azure仮想マシ

ン同士や他のAzureサービスとのネットワーク通信をおこないます。そのため、接続する仮想ネットワークおよびサブネットによって、通信可能な範囲が決定されます。

● 仮想マシンの作成画面

 注意
ほとんどのパラメーターは仮想マシンの作成後に変更できますが、仮想マシンの名前やイメージ、可用性オプションなどの一部のパラメーターについては後から変更できません。そのため、各パラメーターについて理解し、作成の前に各パラメーターをどのような値にするかを計画しておくことが重要です。

 参考
仮想ネットワークおよびサブネットについては、5日目に説明します。

1-2 サイズ

■ 仮想マシンのサイズ

　物理的なコンピューターでも、その用途によっては、多くのCPUやメモリを必要とする場合があります。例えば、単純なテストや動作確認であれば少量のCPUやメモリだけで済みますが、ストップすると業務に重大な影響を及ぼすようなミッションクリティカルなワークロード（作業や処理）であれば、多くのCPUやメモリが必要となります。

　サイズとは、仮想マシンの性能を決定するパラメーターです。Azure仮想マシンでは、割り当てるvCPU（仮想CPU）の数やメモリ容量を具体的な数値で指定することはできませんが、それらの定義情報として様々なサイズの選択肢が用意されています。したがって、サイズの選択によってvCPUの数やメモリ容量などが決定します。仮想マシンのサイズは、シリーズと呼ばれる先頭のアルファベットと、その後ろに数字を組み合わせて「D2s_v3」や「B1s」などのように表現されます。

● 仮想マシンのサイズ

vCPUの数：2
メモリ容量：8 GiB
一時ストレージ容量：16GiB

D2s_v3のサイズの
仮想マシン

vCPUの数：1
メモリ容量：1 GiB
一時ストレージ容量：4GiB

B1sのサイズの
仮想マシン

なお、仮想マシンの作成時にはサイズの選択が必要ですが、仮想マシンの作成後により高いパフォーマンス要件が必要になった場合などのために、サイズは後から変更することもできます。

● サイズの分類と用途

タイプ	サイズ	用途
汎用	B、Dsv3、Dv3、Dasv4、Dav4、DSv2、Dv2、Av2、DC、DCv2、Dpdsv5、Dpldsv5、Dpsv5、Dplsv5、Dv4、Dsv4、Ddv4、Ddsv4、Dv5、Dsv5、Ddv5、Ddsv5、Dasv5、Dadsv5	CPUとメモリのバランスがとれた汎用タイプ。アプリケーション開発、小中規模のデータベースサーバー、Webサーバーなど
コンピューティング最適化	F、Fs、Fsv2、FX	CPU性能を優先。アクセス頻度の高いWebサーバー、アプリケーションサーバー、バッチ処理など
メモリの最適化	Esv3、Ev3、Easv4、Eav4、Epdsv5、Epsv5、Ev4、Esv4、Edv4、Edsv4、Ev5、Esv5、Edv5、Edsv5、Easv5、Eadsv5、Mv2、M、DSv2、Dv2	メモリ容量を優先。データベースサーバー、キャッシュサーバーなど
ストレージの最適化	Lsv2、Lsv3、Lasv3	高いディスクスループットを実現。データウェアハウス、大規模データベースなど
GPU	NC、NCv2、NCv3、NCasT4_v3、ND、NDv2、NV、NVv3、NVv4、NDasrA100_v4、NDm_A100_v4	グラフィックスのレンダリングやビデオ編集、機械学習など
ハイパフォーマンスコンピューティング	HB、HBv2、HBv3、HBv4、HC、HX	高速な数値計算が必要な流体力学の数値計算、気象シミュレーションなど

参考
サイズの分類の詳細については、以下のWebサイトを参照してください。
https://learn.microsoft.com/ja-jp/azure/virtual-machines/sizes

注意
仮想マシンのサイズは後から変更可能ですが、変更時には仮想マシンが自動的に再起動されることに注意してください。

1-3 ディスク

POINT!

- ・仮想マシンを構成するディスクには3つある
- ・一時ディスクは、データの保存先として使用すべきではない
- ・ディスクごとに選択する種類によってパフォーマンスが異なる

■ 仮想マシンを構成するディスク

　仮想マシンはデータセンター内のHyper-Vサーバー上で実行されますが、仮想マシンが動作するためには、通常の物理的なコンピューターと同じように、OSやアプリケーションおよびデータを保持するための**ディスク**が必要です。

　仮想マシンを構成するディスクには、次の3つがあります。このうち、OSディスクと一時ディスクは仮想マシンに既定で接続されます。データディスクについては、必要に応じて追加して使用します。

● OSディスク

　OSが含まれるディスクです。既定のサイズは127GiB（Windows）または30GiB（Linux）であり、必要に応じて最大4TiBまで拡張できます。OSディスクは、Windows仮想マシンでは既定でCドライブとしてラベル付けされます。通常、OSディスクはAzure Storage（6日目参照）に作成されます。

● 一時ディスク

　キャッシュ用の特別なディスクです。一時ディスクのサイズは選択した仮想マシンのサイズによって決定されます。一時ディスクは非永続化領域であり、仮想マシンを停止すると一時ディスク内のデータは消失します。したがって、アプリケーションやデータの保存先として使用するべきではありません。Windows仮想マシンでの一時ディスクは既定でDドライブとしてラ

ベル付けされます。

　非永続化領域ではありますが、OSディスクに比べるとより高速にアクセスできるように設計されているため、通常はページファイルなどのキャッシュの格納先として使用されます。

● データディスク

　アプリケーションやデータを格納するために追加が可能なオプションのディスクです。データディスクはAzure Storageに作成され、Ultra Diskでは最大64TiB、それ以外の種類のディスクでは最大32TiBまでのサイズを指定可能です。データディスクを作成して仮想マシンに接続すると、仮想マシン上で新しいディスクとして認識されるので、ユーザーは仮想マシンのOS内で任意のラベルを付けて使用できます。なお、接続できるディスクの数は、仮想マシンのサイズにより決まります。また、データディスクの追加や削除は仮想マシンを停止することなくおこなえます。

●仮想マシンのディスク

OSディスク（C ドライブ）
・OS が含まれるディスク
・既定容量は 127GiB または 30GiB
・最大 4TiB まで拡張可

一時ディスク（D ドライブ）
・キャッシュ用のディスク
・非永続化領域
・容量は仮想マシンサイズに依存

データディスク
・オプション
・最大容量は 64TiB
・動的な追加と削除に対応
・利用可能なデータディスク数は仮想マシンサイズに依存

参考

1GBは10^3MB、1TBは10^3GBのように、GBやTBでは「10の3乗」ごとに単位が変わります。これに対し、GiBやTiBは「2の10乗」を単位とするもので、1GiBは2^{10}MiB（＝2^{30}バイト）、1TiBは2^{10}GiB（＝2^{40}バイト）を表します。

OSディスクと一時ディスクは、Linux仮想マシン上では「sda1」
や「sdb1」のように表示されます。

■ ディスクの種類

仮想マシンのOSディスクとデータディスクでは、物理的なディスクの種類を選択できます。選択したディスクの種類によってコストとパフォーマンスが異なるため、仮想マシンのサイズと同様に、用途や必要なパフォーマンスに見合った種類を選択する必要があります。例えば、ミッションクリティカルなワークロードを実行し、ディスクへの多くの読み書きがおこなわれる仮想マシンでは、高速に使用できるディスクのほうが適しています。

ディスクには、次の4つの種類があります。なお、仮想マシンに接続するディスクごとに異なる種類を使用することもできます。例えば1つの仮想マシンであっても、OSディスクには「Standard HDD」を使用し、データディスクでは「Premium SSD」を使用するなどの構成が可能です。また、仮想マシンの停止時に限り、Ultra Diskを除く3種類については、ディスクの種類を変更することもできます。

● Standard HDD

データへのアクセス頻度が低い、クリティカルではないワークロード向けのディスクです。例えば、バックアップやアプリケーションデータの保存（アーカイブ）などに使用されます。最大IOPSは2,000、最大スループットは500MB/秒です。なお、IOPS（Input/Output Per Second）はディスクが1秒間に処理できる読み書き回数、スループットは1秒間のデータ転送量を表します。

● Standard SSD

Webサーバーなどのように高いIOPSが要求されないワークロードや、使用頻度の低いエンタープライズアプリケーション、開発およびテスト向けの

ディスクです。最大IOPSは6,000、最大スループットは750MB/秒となっており、Standard HDDよりも待ち時間が短縮されます。

● Premium SSD

例えば、マイクロソフトのメールサーバー製品であるExchange Serverの運用環境など、エンタープライズワークロード向けのディスクです。最大IOPSは20,000、最大スループットは900MB/秒です。

● Ultra Disk

例えば、SAP HANAやSQL Serverのようなデータベースシステムなど、トランザクション量の多いワークロード向けのディスクです。IOPSとスループットを独自に指定可能で、最大IOPSは160,000、最大スループットは4,000MB/秒です。また、ディスクの種類の中で唯一、最大64TiBまでのディスクサイズで使用可能です。なお、Ultra DiskはOSディスクとしては使用できず、データディスクとしてのみ使用可能です。

●ディスクの種類

Standard HDD	Standard SSD	Premium SSD	Ultra Disk

低　　　　　　　　　　コストおよびパフォーマンス　　　　　　　　　高

参考　Ultra Diskは一部のリージョンのみで使用可能で、サポートしているリージョンであっても特定の可用性オプションの構成が必要になる場合があります。Ultra Diskの詳細や制限については、以下のWebサイトを参照してください。
https://learn.microsoft.com/ja-jp/azure/virtual-machines/disks-types#ultra-disks

4日目

1 仮想マシンの基礎知識

1-4 イメージ

■ イメージ

　自宅や組織内で物理的なコンピューターを使用する場合、最初にそのコンピューター上で実行したいOSをインストールします。例えば、インストールメディアなどを用いてOSをインストールして初期設定をおこない、その後、コンピューターが使用可能になります。

　Azureの仮想マシンでは、ユーザーがインストールメディアなどを用意する必要はありません。仮想マシンの作成時には、仮想マシンにインストールするOSのイメージをAzure Marketplaceから選択できます。仮想マシンの作成は選択したイメージと、その他のパラメーターに基づいて進行するため、作成された仮想マシンにはすでにOSがインストールされた状態となります。

　Azure Marketplaceは、仮想マシンのイメージや、Azure上で利用可能な様々なアプリケーションなどを取り扱うオンラインストアです。Azure Marketplaceには、仮想マシン作成時のイメージの選択画面からアクセスするほか、ブラウザーでURLを指定して直接アクセスすることもできます。

● Azure Marketplace

https://azuremarketplace.microsoft.com/ja-jp/marketplace/

● 仮想マシン作成時のイメージの選択

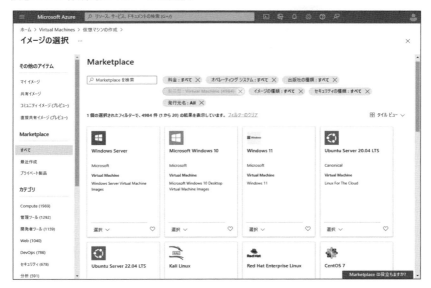

4日目

1 仮想マシンの基礎知識

Azure Marketplaceにはマイクロソフトやサードパーティーによる様々なイメージが公開されており、OS単体のイメージのほか、ミドルウェアや特定のアプリケーションがインストールされたイメージも用意されています。例えば、マイクロソフトのデータベース管理システムであるSQL Serverが含まれるイメージや、特定のファイアウォール製品が含まれているイメージなどがあります。

参考

Azure Marketplaceに公開されたイメージを使用するほか、独自の仮想マシンイメージを作成して使用することもできます。

■ サポートされるOS

Azureの仮想マシンでサポートされるOSには、大きく分けるとWindowsとLinuxがあります。どちらについても、組織で一般的に使用されるようなバージョンおよびディストリビューションがAzure仮想マシンでもサポートされています。

● Windows

Windows Serverは、マイクロソフトが開発したサーバーコンピューター用のOSです。Windows Serverについては、Windows Server 2003以降のバージョンがサポートされています。ただし、Azure Marketplaceで提供されているイメージは、Windows Server 2012以降のOSのみです。

Windows Serverのイメージを選択して作成した場合に発生するコストには、サーバーライセンスおよびCAL(クライアントアクセスライセンス)がバンドルされています。つまり、ライセンスを含めた料金が設定されているため、事前にライセンスを準備する必要はありません。

また、Windows Serverだけでなく、Windowsクライアント(Windows 10および11)もサポートされており、Azure Marketplaceにもそのイメージが公開されています。ただし、Windowsクライアントのイメージにはライセンスおよびその料金がバンドルされていないため、使用するにはライセンスを別途用意する必要があります。

● Azure MarketplaceのWindows OSイメージ

Windows Server
・サーバーライセンスと CAL を含む

Windows 10/11
・ライセンスは含まれない

● Linux

Linuxは、サーバー用として広く普及しているオープンソースのUnix系

OSです。Ubuntu、Oracle Linux、Red Hat Enterprise Linux、SUSE Enterprise Linuxなど、一般的に使用される多くのLinuxディストリビューションとバージョンがサポートされています。Azure MarketplaceにはこれらのLinuxディストリビューションのOSイメージが用意されていますが、Red Hat Enterprise Linuxのようなライセンスが必要なものについては、ライセンス（サブスクリプション）がバンドルされています。

4
日目

1 仮想マシンの基礎知識

OSとしてのサポートが終了したWindows Server 2008 R2以前のイメージについてはAzure Marketplaceで提供されていないため、利用者自身でイメージを準備する必要があります。

サポートされるOSの情報は変更される可能性があります。サポートされているWindows Serverおよびサーバーソフトウェアの最新情報については、以下のWebサイトを参照してください。
https://learn.microsoft.com/ja-jp/troubleshoot/azure/virtual-machines/server-software-support#windows-server

Azureで動作が保証されているLinuxディストリビューションの最新情報については、以下のWebサイトを参照してください。
https://learn.microsoft.com/ja-jp/azure/virtual-machines/linux/endorsed-distros

1-5 可用性オプション

POINT!

- Azureデータセンター内の障害などにより、仮想マシンが停止してしまう可能性がある
- 複数の仮想マシンが同時に停止しないようにするために可用性オプションがある
- 可用性セットは、データセンター内の物理障害に対応できる
- 可用性ゾーンは、データセンター障害に対応できる

■ 可用性オプションが必要な理由

　Azureデータセンター内には数多くのラックがあり、そのラックに格納された各ブレードのHyper-Vサーバー（ホスト）上で仮想マシンが実行されることは既に説明しました。Azureデータセンターは一般に高品質であり、高い稼働率でサービスが提供されます。しかし、100%動作が保証されているわけではなく、データセンター内での障害などによって仮想マシンの停止やパフォーマンスの低下が起きる可能性があります。

　可用性を高めるための基本的な考え方として、同じ構成の仮想マシンを複数作成することが挙げられます。しかし、それだけでは「障害やメンテナンスに強い構成」とは言えません。なぜなら、せっかく同じ構成の仮想マシンを複数作成しても、同じラックや同じブレード（サーバー）、同じデータセンター内に配置されてしまった場合には、1か所で起こった障害によってすべての仮想マシンに影響が及ぶ可能性があるからです。例えば、2台の仮想マシンの両方が同一のラック上に配置された場合、そのラックの障害によって2台とも停止してしまいます。

稼働率
システムの特定の運転時間のうち、システムが停止せずに稼働している時間の割合。可用性の指標として用います。

● ラックの障害によって全仮想マシンが停止

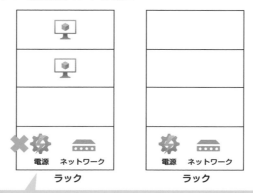

2台の仮想マシンが同じラック内に配置されているため、ラックの障害によって2台とも停止する

4
日目

1 仮想マシンの基礎知識

　それでは、上記のように複数の仮想マシンを使用する前提で、障害やメンテナンスに強い構成にするにはどうすればよいのでしょうか？　その1つの方法として、「異なるラックやブレード、あるいは異なるデータセンターに分けて配置すること」が考えられます。例えば、2台の仮想マシンを異なるラックに配置すれば、一方のラックで障害が起きても、もう一方のラックで動作する仮想マシンは影響を受けません。これがまさに**可用性オプション**の考え方です。つまり、ただ単に同じ構成の仮想マシンを複数作成するだけではなく、配置先となるラックやブレード、あるいはデータセンターそのものを分けることにより、障害やメンテナンスに強い構成となります。この実現のための設定となるのが可用性オプションであり、具体的には**可用性セット**と**可用性ゾーン**という選択肢があります。

注意

いずれの可用性オプションについても仮想マシンの作成時に決定する必要があり、作成済みの仮想マシンには可用性オプションを追加できないことに注意してください。

■ 可用性セット

可用性セットは、同じ構成の仮想マシンを複数作成するときに、1つのデータセンター内でラックやブレードを分けて配置するオプションです。このオプションを用いて2台以上の仮想マシンを構成することで、ラックやブレードで発生する障害やメンテナンスに強い構成となり、全稼働時間の99.95%以上で少なくとも1つのインスタンスに対する仮想マシン接続の確保が保証されます。

可用性セットには、次の2つのパラメーターがあります。

● 障害ドメイン

仮想マシンをデータセンター内のいくつのラックに分散して配置するかを決定します。最大値は3ですが、選択したサブスクリプションとリージョンによっては3より小さい場合があります。

● 更新ドメイン

仮想マシンをいくつのサーバーグループに分散して配置するかを決定します。サーバーグループは、計画的なメンテナンス時にまとめて再起動されるサーバーの単位です。最大値は20です。

例えば、「障害ドメインが2、更新ドメインが5」という値を持つ可用性セットを作成し、同じ構成の仮想マシンを6台作成してこの可用性セットを設定した場合、6台の仮想マシンは2つのラックに分かれて配置されます。また、サーバーグループとしては5つに分かれて配置されます。この配置の場合、1つのラックで障害が起きて仮想マシンが停止したとしても、別のラックで実行されている3台の仮想マシンは影響を受けません。また、ラック内の特定のブレードでのメンテナンスがあったとしても、他のサーバーグループのブレード上で実行される4台または5台の仮想マシンは影響を受けません。

● 可用性セットによる仮想マシンの配置イメージ

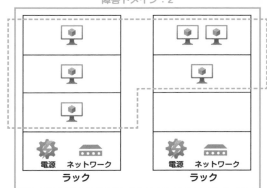

どちらかのラックが障害で停止しても、もう一方
のラックにある仮想マシンは影響を受けない

障害ドメイン：2

5つのうちいずれか
のブレードがメンテ
ナンス中でも、他の
ブレードにある仮想
マシンは影響を受け
ない

更新ドメイン：5

電源　ネットワーク　ラック　電源　ネットワーク　ラック

4
日目

1
仮想マシンの基礎知識

可用性ゾーン

　可用性ゾーンは、同じ構成の仮想マシンを複数作成するときに、異なるデータセンターに分けて配置するオプションです。このオプションを用いて2台以上の仮想マシンを構成することで、データセンターレベルで発生する障害に強い構成となり、全稼働時間の99.99％以上で少なくとも1つのインスタンスに対する仮想マシン接続の確保が保証されます。

　各リージョンには複数のデータセンターが存在します。例えば、東日本リージョンは、実際には東京と埼玉に存在する複数のデータセンターから構成されています。可用性ゾーンは、リージョン内に用意された個別の電源、ネットワーク、冷却装置を有する物理的に異なるデータセンター（ゾーン1、ゾーン2、ゾーン3など）を表します。リージョンに存在するデータセンターを「ゾーン」と呼ばれる単位で分割し、仮想マシンを配置するゾーンを指定できるのが可用性ゾーンです。つまり、同じ構成の仮想マシンを複数作成する際に、各仮想マシンを異なるゾーンに配置することによって、仮想マシンを実行するデータセンターそのものを分けることがで

きます。

　例えば、同じ構成の仮想マシンを3台作成して可用性を高めたい場合、VM1は
ゾーン1に、VM2はゾーン2に、VM3はゾーン3に配置できます。こうすることで、
例えばゾーン1のデータセンターで障害が発生したとしても、VM2やVM3は影
響を受けません。

● 可用性ゾーンによる仮想マシンの配置イメージ

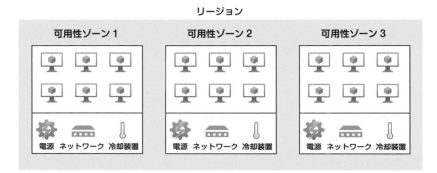

可用性セットと可用性ゾーンの比較

　ここまでの説明により、可用性オプションには「可用性セット」と「可用性ゾー
ン」という2つの選択肢があることがわかりました。ただし、1つの仮想マシンに
対して、両方の可用性オプションを同時に使用することはできません。それでは、
どちらの可用性オプションを使用するのがよいのでしょうか?

　2つの可用性オプションを比較すると、可用性ゾーンのほうが広い範囲の障害に
対応できると言えます。なぜなら、同じ構成の仮想マシンを複数作成するときに、
配置先となるデータセンターを分けることができるためです。ただし、現時点では、
可用性ゾーンを構成できるリージョンが限定されています。例えば、東日本リー
ジョンや東南アジアリージョンでは可用性ゾーンがサポートされていますが、その
他のリージョンでは可用性ゾーンがサポートされていない場合があります。可用性
ゾーンがサポートされていないリージョンに作成する仮想マシンでは、構成可能な

可用性オプションは可用性セットだけです。

　このように、リージョンによって構成可能な可用性オプションが異なるため、仮想マシンの可用性を高めたい場合には、リージョンの選択にも注意する必要があります。

●可用性オプションの比較

	可用性セット	可用性ゾーン
対応可能な障害の範囲	単一データセンター内での物理障害	データセンター障害
サポートされているリージョン	すべてのリージョン	一部のリージョン
SLA	99.95%	99.99%

可用性ゾーンがサポートされているリージョンの詳細については、以下のWebサイトを参照してください。
https://learn.microsoft.com/ja-jp/azure/reliability/availability-zones-service-support

試験では、各可用性オプションの特徴について問われます。

4
日目

1 仮想マシンの基礎知識

試験にトライ!

Q あなたは同じ構成を持つ複数の仮想マシンをデプロイ（作成）する予定ですが、あるデータセンターで障害が発生しても、サービスを停止しないように仮想マシンをデプロイしたいと考えています。仮想マシンのデプロイ時のオプションまたは考慮事項として適切なものはどれですか？

A. 複数のサブスクリプションにデプロイする
B. 複数のリソースグループにデプロイする
C. 可用性セットを使用してデプロイする
D. 可用性ゾーンを使用してデプロイする

A 可用性ゾーンを使用して複数の仮想マシンをデプロイすることで、今回の課題に対応できます。可用性ゾーンにより、複数の仮想マシンを異なるゾーンに配置できます。そのため、ゾーン1のデータセンターで障害が発生したとしても、他のゾーンで実行される仮想マシンは影響を受けません。

複数のサブスクリプションやリソースグループにデプロイをおこなったとしても、同一のデータセンターで仮想マシンが実行されてしまう可能性があります。また、可用性セットは1つのデータセンター内における配置先のラックやブレードを分けるものであるため、データセンターレベルの障害には対応できません。

| 正 解 | **D** |

2 仮想マシンへの接続と管理

- [ ] リモートデスクトップ接続
- [ ] SSH接続
- [ ] Bastion接続
- [ ] メトリック
- [ ] ログ
- [ ] Azure Backup
- [ ] Azure Site Recovery

2-1 仮想マシンへの接続

POINT!

- ・仮想マシンの作成後の初期設定や操作のためには接続をおこなう必要がある
- ・Windows仮想マシンへの接続にはリモートデスクトップ接続を使用する
- ・Linux仮想マシンへの接続にはSSH接続を使用する
- ・リモートデスクトップ接続やSSH接続が使用できない環境では Bastion接続を活用する

■ 仮想マシンへの接続方法

　自宅や組織内で使用するコンピューターの場合、OSのインストール後には初期設定をおこなう必要があります。例えば、コンピューター名を設定したり、使い勝手をよくするために設定を変更したり、必要なソフトウェアをインストールするな

ど、そのコンピューターの用途に合わせて初期設定をおこないます。ひととおりの
初期設定を終えたあとで、ようやく使い始めることができます。

　第1節では、Azure仮想マシンの作成時には、インストールするOSのイメージ
をAzure Marketplaceから選択することを説明しました。Azure Marketplace
で提供されている標準のOSイメージには、基本的な構成のみが含まれています。
コンピューター名には仮想マシン作成時に指定した「仮想マシンの名前」が設定さ
れるため、自宅などで使用するコンピューターに対する初期設定と完全に同じでは
ありませんが、仮想マシンを使い始めるための初期設定は必要です。

　ただし、自宅などで使うコンピューターとAzure仮想マシンの決定的な違いは、
「目の前にコンピューターがない」ことです。仮想マシンはAzureデータセンター
内で実行されているため、利用者の目の前にはありません。そのため、利用者は
ネットワークを介して仮想マシンとリモート接続をおこなう必要があります。仮想
マシンへの接続には、次の3つの方法があります。

- リモートデスクトップ（RDP）接続
- SSH接続
- Bastion接続

RDPまたはSSHで仮想マシンに接続するには、仮想マシンへの
パブリックIPアドレスの割り当てやネットワークセキュリティグ
ループの構成も必要です。これらの詳細については5日目に説明
します。

■ リモートデスクトップ接続

　Windows仮想マシンに接続する場合は、**リモートデスクトップ（RDP）接続**
が最も基本的な方法になります。リモートデスクトップとは、離れた場所にある
Windowsコンピューターに接続して操作するための機能です。リモートデスク
トップはWindowsの標準機能であり、Windowsのイメージを選択して作成され

た仮想マシンでは既定でこの機能が有効化されています。

なお、Windows仮想マシンとのリモートデスクトップ接続で使われる既定の
ポート番号は3389です。また、接続のための認証情報（ユーザー名およびパス
ワード）は、仮想マシンの作成時に設定します。

● 仮想マシンへのリモート接続

リモートデスクトップ接続のためのファイルは、Azureポータルの仮想マシンの
管理画面からダウンロードできます。仮想マシンの［接続］メニューで［ネイティ
ブRDP］内の［選択］をクリックし、リモートデスクトップ接続ファイル（RDP
ファイル）をダウンロードして使用することで、容易に接続できます。

● RDPファイルのダウンロード

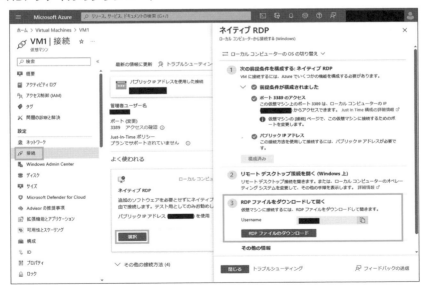

■ SSH接続

SSH接続は、Linux仮想マシンへの接続に使用する基本的な方法です。SSH（Secure Shell）とは、離れた場所にあるコンピューターに対してコマンドによる接続および操作をおこなうための機能であり、主にLinuxコンピューターへのリモート接続手段として一般的に使用されています。Linuxのイメージを選択して作成された仮想マシンでは、既定でこの機能が有効化されています。なお、SSH接続で使われる既定のポート番号は22です。また、接続のための認証にはパスワードまたは証明書のいずれかを使用できますが、どちらの認証方法を使用するかは仮想マシンの作成時に構成します。

● SSH接続

Azureポータルでは、仮想マシンの管理画面からSSH接続のためのコマンドの実行例を確認できます。仮想マシンの [接続] メニューで [ネイティブSSH] 内の [選択] をクリックすると、SSH接続コマンドの実行例が表示されます。

● 接続方法の選択

● SSH接続のコマンド確認

Bastion接続

　Bastionは Azureのサービスの1つであり、仮想マシンにリモート接続するための「踏み台」として機能し、Azureポータルから安全かつシームレスに仮想マシンへリモートデスクトップ接続またはSSH接続をおこなう方法を提供します。簡単に言ってしまえば「Webブラウザーから安全に仮想マシンに接続して操作できる」という接続方法です。

● Bastion接続

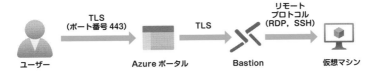

Bastion接続では、仮想マシンのRDPまたはSSHのポートを外部に公開する

ことなく、仮想マシンに対する安全なリモート接続が提供されます。とくに組織の
オンプレミスネットワークでは、リモートデスクトップ接続で使用されるポート番
号3389が経路上のファイアウォールなどでブロックされている場合があります。
Bastion接続は、そのようなネットワーク環境でのリモート接続手段としても活
用できます。Bastion接続ではポート番号443が使用され、Webブラウザーから
仮想マシンに接続して操作が可能です。

　Azureポータルでは、仮想マシンの [Bastion] のメニューから資格情報を指定
してBastion接続ができます。ただし、Bastion接続を初めて使用するには、接
続のために必要なリソースを作成する必要があります。そのリソースは [Bastion
のデプロイ] をクリックするだけで作成されますが、そのリソースに対するコスト
も発生します。

● Bastionのデプロイ

● Windows仮想マシンへのBastion接続

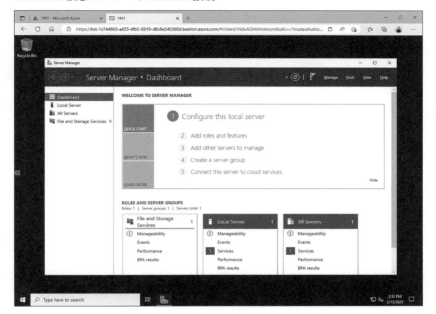

4
日目

2

仮
想
マ
シ
ン
へ
の
接
続
と
管
理

注意

Bastion接続には、接続のためのリソースが作成され、追加のコストが発生します。仮想マシンを削除してもBastionのリソースは同時に削除されないため、不要な場合には別途削除する必要があることに注意してください。

2-2 仮想マシンの監視

■ 仮想マシンの監視方法

　Azureに限らず、一般的なシステムでは、定期的な監視をおこなうことが必要です。例えば、安定したパフォーマンスが発揮できているかどうかや、エラーなどのログが出ていないかどうかを確認します。とくに、サーバーとして使用するコンピューターでは、このような監視が重要です。

　仮想マシンを監視する1つの方法として、その仮想マシンにインストールされているOSが持つ監視ツールを使うことが挙げられます。例えば、Windows仮想マシンに対してリモートデスクトップ接続をおこなえば、Windows OSで使用できる「イベントビューアー」や「パフォーマンスモニター」などにより、物理的なコンピューターと同じように監視をおこなうことができるでしょう。しかし、監視をおこなうために、わざわざ接続やログインなどの操作をおこない、接続後にそのOSの中で監視ツールを使用しなければならないのは手間がかかります。

　上記のような手間を省けるように、仮想マシンを監視するための仕組みがAzureには用意されています。例えば、仮想マシンのパフォーマンス状況をAzureポータルから確認したり、仮想マシンのOS上で生成されたイベントログをAzureの管理ツールから確認できます。この仕組みを使用することで、仮想マシンに接続することなく、仮想マシンの監視をおこなうことが可能です。

● Azureによる仮想マシンの監視

Azure ポータル　　　監視　　　仮想マシン

■ メトリックとログ

Azureが収集する仮想マシンの監視データには、メトリックとログの2種類に大きく分けることができます。

● メトリック

特定の時点におけるシステムの状態を表す測定値であり、簡単に言えばパフォーマンスデータです。例えば、仮想マシンのCPUの平均使用率の情報や、メモリの空き容量の情報などをメトリックから把握できます。メトリックは数値データであるため、様々な形式のグラフで表示することが可能です。時間経過による傾向を分析したり、他のメトリックとの比較などに役立ちます。

● ログ

システム内で発生したデータの入出力や操作（イベント）の記録です。ログには、種類ごとに異なるプロパティセットを持つレコードに編成された様々な種類のデータが含まれます。例えば、OSから収集されるシステムログやアプリケーションログなどの情報が挙げられ、これらの情報はテキストまたは数値データとして記録されます。

4
日目

2 仮想マシンへの接続と管理

● メトリックとログ

メトリック

ログ

・システムの状態を表す測定値
・仮想マシンの CPU 平均使用率やメモリ
　の空き容量の情報など

・システム内で発生したイベントの記録
・仮想マシンの OS によって生成されるシ
　ステムログやアプリケーションログなど

■ メトリックの参照

　Azureではリソースの種類ごとに固有のメトリックのセットが作成され、一定間隔でAzureリソースから収集されます。つまり、メトリックは自動的に記録されるため、必要な事前設定はありません。

　また、Azureには、メトリックを参照するための機能として「**メトリックスエクスプローラー**」があります。メトリックスエクスプローラーを使用すると、メトリックデータベース内のデータを対話的に分析し、一定期間にわたる複数のメトリックの値をグラフ化できます。メトリックスエクスプローラーはAzureポータルのコンポーネントの1つであるため、Azureポータルからアクセスして使用できます。

　メトリックエクスプローラーを使用するには、仮想マシンの管理画面から [**メトリック**] のメニューをクリックします。その後、表示される [**メトリック**] の一覧から参照したいメトリックを選択するだけです。例えば、CPUの使用率を確認したい場合には、メトリックの一覧から [**Percentage CPU**] を選択します。また、必要に応じて、画面上部で [**折れ線グラフ**] から別の種類の形式に切り替えたり、表示する期間を変更できます。

● メトリックの参照

メトリックの一覧に表示される情報の詳細については、以下の Web サイトを参照してください。
https://learn.microsoft.com/ja-jp/azure/azure-monitor/essentials/metrics-supported#microsoftcomputevirtualmachines

Azure のほとんどのメトリックは93日間のデータが保有されています。ただし、一部の種類のメトリックには固有の保有期間が設定されています。メトリックの保有期間に関する詳細については、以下の Web サイトを参照してください。
https://learn.microsoft.com/ja-jp/azure/azure-monitor/essentials/data-platform-metrics#retention-of-metrics

ログ収集のための設定

　メトリックは事前の設定なしに収集されますが、ログを収集するには事前設定が
必要です。仮想マシンのログを収集するにはいくつか方法がありますが、そのうち
最も基本的な方法となるのがAzure Diagnostics拡張機能を用いる方法です。こ
の機能を使用する場合、Azure Diagnosticsエージェント（診断拡張機能）とい
う拡張機能を仮想マシンにインストールし、仮想マシンのOS上で生成されたイベ
ントログなどの情報を収集してストレージアカウントに記録します（Diagnostics
は「診断」という意味）。

　仮想マシンの管理画面には、ログ収集のための設定をおこなうメニューとして
[診断設定] があります。この画面から、収集した情報の格納先となるストレージ
アカウントを選択し、[ゲストレベルの監視を有効にする] をクリックします。こ
の操作により、仮想マシンにAzure Diagnosticsエージェントがインストールさ
れます。

● ゲストレベル監視の有効化

その後、仮想マシンのOSから収集する具体的なデータの選択をおこなう画面に切り替わります。例えば、Windows OSを実行する仮想マシンからイベントログを収集する場合、[ログ] タブをクリックしてイベントログの選択をおこないます。

● 収集するログデータの選択

 Azure Diagnostics拡張機能を用いてログを収集するには、事前にストレージアカウントを作成しておく必要があります。ストレージアカウントの詳細については、6日目に説明します。

 より高度な監視をおこなうためにAzure Monitorを用いる方法もあります。

収集したログデータの参照

　Azure Diagnosticsエージェントを介して収集されたログデータは、診断設定の構成時に選択したストレージアカウントにテーブルデータとして格納されます。テーブルデータとは、簡易的なデータベースの表のように、いくつかの列と値を持つデータと考えるとよいでしょう。そのため、収集したログデータを参照するには、格納先として選択したストレージアカウントの管理画面から操作をおこないます。

　ストレージアカウントの管理画面には、[ストレージブラウザー] というメニューがあります。このメニューを使用すると、ストレージアカウントの内容をエクスプローラーのように扱うことができます。前述した診断設定で、Windows OSを実行する仮想マシンからイベントログを収集するように構成する場合には、ストレージブラウザーの画面で [テーブル]、[WADWindowsEventLogsTable] の順にクリックします。すると、収集したイベントログのデータが画面上に一覧表示されます。

● ストレージブラウザーによるログの参照

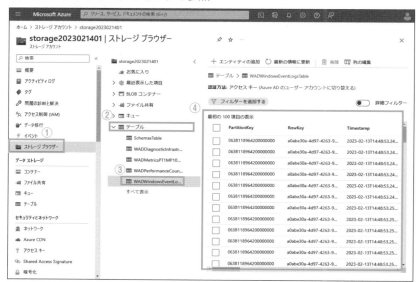

　この画面には格納されたすべてのログデータが表示されますが、特定の条件に一致するログを探すこともできます。例えば、Windows OSのイベントログは「イベントID」と呼ばれる識別子を持ちますが、それを条件として絞り込むことが可能です。特定の条件を指定して表示するログを絞り込みたい場合には、画面上部にある [フィルターを追加する] をクリックします。そして、イベントIDを指定して絞り込みをおこなうにはフィルターの [列] で [EventId] を選択し、あわせて [演算子] や [値] を指定して [適用] をクリックします。

●フィルターの追加

ストレージブラウザーのメニューから参照するほか、Azure Storage Explorerというツールを使って参照することもできます。

4日目

2 仮想マシンへの接続と管理

2-3 仮想マシンの保護

POINT!

・仮想マシンをバックアップするにはAzure Backupを構成する
・仮想マシンを別リージョンに複製するにはAzure Site Recovery を構成する

■ 仮想マシンのバックアップの必要性

　仮想マシンのディスクは、Azureストレージアカウント内にVHD（仮想ハードディスク）ファイルとして格納されます。また、Azureストレージアカウントでは障害が発生した場合に備えて最低でも「ローカル冗長ストレージ（LRS）」（6日目参照）が構成されており、Azureデータセンター内で3つに**ミラーリング**されています。そのため、Azureデータセンター内でのディスク障害によって仮想マシンのディスクが失われてしまう可能性は低いと言えます。

　それでは、なぜ仮想マシンをバックアップする必要があるのでしょうか？Azureデータセンター内でのディスク障害以外にも、仮想マシンのディスクおよびデータを回復（復元）したい状況がいくつか考えられます。例えば、ユーザーが誤って仮想マシン内のデータを削除してしまったり、仮想マシン内で実行されるプログラムのバグなどによってデータを上書きしてしまったり、マルウェアに感染してファイルが壊れてしまったりといったケースです。こうしたケースでのデータの回復は、ミラーリングでは対応できません。そのため、事前の**バックアップ**が重要です。

● ミラーリングとバックアップの違い

ミラーリング：データの更新時に、複数の
　　　　　　　ディスクに書き込む

バックアップ：ある時点のデータの内容を
　　　　　　　別の媒体に記録する

・データセンター内でのディスク障害には対応できる
・ユーザーの誤操作により削除されたデータなどの復元はできない

・ユーザーの誤操作により削除されたデータなどの復元も可能
・別途構成が必要

Azure Backupの概要

　Azureには、シンプルで信頼性の高いクラウドベースのバックアップソリューションとして、**Azure Backup**と呼ばれるサービスが用意されています。このバックアップサービスを使用することで、Azure上で実行される仮想マシン単位でバックアップできます。なお、回復については仮想マシン全体だけでなく、ファイル単位での回復もサポートされています。

● バックアップと回復

　Azure Backupは効率的な増分バックアップをおこない、バックアップデータは暗号化された上で、信頼性の高い**Recovery Services**コンテナーと呼ばれる場所に保存されます。Recovery Servicesコンテナーは、バックアップデータの格納先となるリソースです。Azure Backupを使用するためには最初にRecovery Servicesコンテナーを作成する必要があり、作成したRecovery Servicesコンテナー内でバックアップの構成をおこないます。仮想マシンの保護のためにAzure Backupを構成してバックアップを実行すると、そのバックアップデータはRecovery Servicesコンテナー内に格納されます。

増分バックアップ
初回にデータ全体をバックアップし、以降は前回のバックアップ後に更新されたデータのみをバックアップする方法。

用語

参考

Azure Backupでバックアップできるデータの詳細については以下のWebサイトを参照してください。
https://learn.microsoft.com/ja-jp/azure/backup/backup-overview

仮想マシンのバックアップ設定

　Azure上で実行される仮想マシンは、WindowsでもLinuxでも同じ方法でバックアップが可能です。仮想マシンのバックアップをおこなうには、仮想マシンの管理画面で [バックアップ] のメニューをクリックします。すると、下記のような画面が表示され、作成するRecovery Servicesコンテナーの名前を指定したり、バックアップの頻度や時刻などを構成するための画面が表示されます。既定では、毎日8:00（協定世界時）にバックアップを実行するように構成されていますが、[このポリシーを編集する] をクリックすると、頻度や時刻、タイムゾーンなどを変更できます。

● 仮想マシンのバックアップ

● バックアップの頻度や時刻の変更

バックアップを構成して最終的に [バックアップの有効化] をクリックすると、初回のバックアップが開始されます。初回のバックアップ後は、構成した頻度や時刻に従ってバックアップが実行されます。

参考　バックアップを有効化すると、バックアップの停止やバックアップデータの完全な削除をおこなわない限り、Recovery Services コンテナーを削除できなくなります。また、Azure Backup では、バックアップされたサイズに応じて課金されることにも注意してください。
https://azure.microsoft.com/ja-jp/pricing/details/backup/

Azure Site Recovery の概要

企業などの組織は、事業継続とディザスターリカバリー (災害復旧) のための戦略を用意し、メンテナンスや障害によるシステムの停止に備え、アプリ、ワーク

4
日目

2
仮想マシンへの接続と管理

ロード、データなどを保護する必要があります。これは、オンプレミスでシステムを運用する場合であっても、Azureを使用する場合であっても同様です。Azureデータセンターは世界各地に存在していますが、仮想マシンは特定のリージョン内のデータセンターで実行されます。そのため、特定の地域の災害などにより、あるリージョン全体に影響が及ぶ障害が発生してしまう可能性もゼロではありません。

Azure Site Recoveryとは、一言で言うとレプリケーション（複製）サービスです。つまり、あるリージョンで実行中のAzure仮想マシンを、別のリージョンにレプリケーションできます。

このレプリケーションは一度きりではなく、継続的におこなわれます。Azure仮想マシン上でおこなわれた変更箇所はAzure Site Recoveryによって検出され、およそ5分ごとの間隔で随時レプリケーションが実行されます。これにより、あるリージョン全体に影響が及ぶ障害が発生した場合でも、レプリケーション先のリージョンへの切り替えが可能です。この切り替えのプロセスは**フェールオーバー**と呼ばれ、これにより業務およびワークロードを速やかに再開できます。また、切り替え後にレプリケーション元のリージョンが再び正常に動作するようになった場合には、元のリージョンでの実行に切り替えること（フェールバック）も可能です。

●Azure Site Recoveryのイメージ

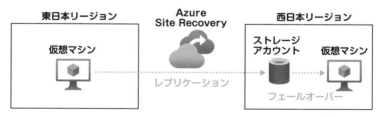

厳密には、レプリケーションされるのはAzure仮想マシンのディスクのみです。レプリケーション先のリージョンにもAzure仮想マシンを作成するとそのコストが発生するため、Azure Site Recovery構成時点のレプリケーション先のリージョンにはディスクだけが存在し、Azure仮想マシン自体は存在しない状態になります。そして、実際にフェールオーバーがおこなわれると、レプリケーション先のリージョンのディスクを基にAzure仮想マシンが組み立てられて実行されます。このような

動作により、フェールオーバーがおこなわれるまで（レプリケーション元のリージョンの正常稼働時）は、必要以上のコストがかからないように設計されています。

> 参考
>
> 本書では、リージョン間での仮想マシンの複製に焦点をあてて説明していますが、Azure Site Recoveryには様々な利用ケースがあります。Azure Site Recoveryのレプリケーション対象の詳細については以下のWebサイトを参照してください。
> https://learn.microsoft.com/ja-jp/azure/site-recovery/site-recovery-overview

■ 仮想マシンのレプリケーション設定

　仮想マシンのレプリケーションをおこなうには、仮想マシンの管理画面で [ディザスターリカバリー] のメニューをクリックします。すると、下記のような画面が表示され、最初に [基本] タブでレプリケーション先のリージョン（ターゲットリージョン）を選択します。

● レプリケーションの設定 - [基本] タブ

続いて表示される[詳細設定]タブでは、レプリケーション先のリージョンに作成されるリソースグループ名や仮想ネットワーク名などを確認します。前述したように、Azure Site Recoveryによってレプリケーションされるのは仮想マシンのディスクのみです。したがって、リソースグループや仮想ネットワークなどを作成する必要があり、その情報をこの画面で確認します。

●レプリケーションの設定 - [詳細設定] タブ

　このように各タブの構成をおこない、最終的には[**レプリケーションを確認して開始する**]タブで[**レプリケーションの開始**]をクリックすると、レプリケーションが有効化されて初回同期が開始されます。そして、初回同期の完了後はAzure Site Recoveryによって継続的にレプリケーションがおこなわれますが、仮想マシンやそのリージョンに何らかのトラブルが発生したときには、フェールオーバーが実行できるようになります。

注意

Azure Site Recoveryは有償のサービスであり、保護する仮想マシン（インスタンス）の数に基づく課金がおこなわれます。価格の詳細については以下のWebサイトを参照してください。
https://azure.microsoft.com/ja-jp/pricing/details/site-recovery/

参考

既定では、復旧ポイントのリテンション期間を24時間とした新しいレプリケーションポリシーが作成されて使用されます。

4日目のおさらい

問 題

Q1 Azureの仮想マシンサービスは、クラウドのどのサービスモデルに分類されますか。

A. SaaS

B. PaaS

C. IaaS

D. DaaS

Q2 仮想マシンのパラメーターのうち、vCPUの数やメモリの量などの仮想マシンの性能を決定するパラメーターはどれですか。

A. サイズ

B. リソースグループ

C. 可用性オプション

D. リージョン

Q3
仮想マシンのディスクのうち、アプリケーションやデータの保存先として使用するべきではないディスクはどれですか。

A. データディスク
B. OSディスク
C. イメージディスク
D. 一時ディスク

 Q4
Azureの仮想マシンでサポートされるOSとして適切なものはどれですか。

A. Windowsのみ
B. Linuxのみ
C. WindowsおよびLinux
D. Windows、Linux、macOS

Q5
仮想マシンで構成可能な可用性オプションとして適切なものはどれですか（2つ選択）。

A. 可用性ゾーン
B. 高可用性モード
C. 可用性セット
D. マルチデプロイ

Q6　Azureに作成したWindows仮想マシンへのリモート接続方法として、次の特徴を持つものはどれですか。

・最も基本的な接続方法である
・既定のポート番号として3389を使用する

A. SSH接続
B. リモートデスクトップ接続
C. ダイレクト接続
D. Bastion接続

Q7　仮想マシンの監視に関する説明として適切ではないものはどれですか。

A. Azureには、仮想マシンに接続することなく監視するための仕組みがある
B. Azureが収集する仮想マシンの監視データには、メトリックとログがある
C. ログは、システム内で発生したデータの入出力や操作（イベント）の記録である
D. メトリックを参照するには、事前設定が必要である

Q8　仮想マシン内の特定のファイルをユーザーが誤って削除してしまった場合の回復手段として、最も適切なサービスはどれですか。

A. Azure Site Recovery
B. Azure Backup
C. ディスクミラーリング
D. フェールオーバー

解　答

A1　C

Azureの仮想マシンサービスは、データセンター内にあるCPUやメモリ、ディスクなどのリソースを使用して、仮想的なコンピューターを実行します。クラウドのサービスモデルでいうとIaaSに分類されます。

→ P.132、P.133

A2　A

仮想マシンでは、サイズの選択によってvCPUの数やメモリ容量などが決定されます。割り当てるvCPUの数やメモリ容量を数値で直接指定することはできませんが、それらの定義情報として様々なサイズの選択肢が用意されています。

→ P.133、P.134、P.135

A3　D

一時ディスクは非永続化領域であり、仮想マシンを停止すると一時ディスク内のデータは消失してしまいます。したがって、アプリケーションやデータの保存先として使用するべきではありません。

→ P.138、P.139

A4　C

Azureの仮想マシンでサポートされるOSにはWindowsとLinuxがあります。いずれも、組織で一般的に使用されるようなバージョンおよびディストリビューションがサポートされています。

→ P.144、P.145

A5 A、C

仮想マシンの可用性オプションには、可用性セットと可用性ゾーンという2つの選択肢があります。可用性ゾーンのほうが広い範囲の障害に対応できますが、現時点では可用性ゾーンを構成できるリージョンは限定されています。

➡ P.148、P.149、P.150、P.151

A6 B

Windows仮想マシンへの接続に使用する最も基本的な方法は、リモートデスクトップ接続です。リモートデスクトップ接続では、既定でポート番号3389が使用されます。

➡ P.154、P.155

A7 D

メトリックは自動的に記録されるため、必要な事前設定はありません。一方、ログについては収集のための設定が必要です。仮想マシンのログを収集するためには、仮想マシンへのエージェントのインストールと、収集するログデータの選択をおこなう必要があります。

➡ P.160、P.161

A8 B

Azure Backupにより仮想マシンをバックアップしておけば、ユーザーが誤って仮想マシン内のデータを削除してしまった場合でも回復できます。仮想マシン全体を回復することも、特定のファイルだけを回復することも可能です。

➡ P.168、P.169

5日目

5日目

1 仮想ネットワークの基礎知識

- ☐ 仮想ネットワークとサブネット
- ☐ プライベートIPアドレスとパブリックIPアドレス
- ☐ ネットワークセキュリティグループ
- ☐ ピアリング

1-1 仮想ネットワークサービスの概要

POINT!

- ・仮想マシン間の通信をおこなうには、仮想ネットワークを構成する
- ・既定では仮想ネットワーク間は通信できない
- ・仮想ネットワークには1つ以上のサブネットが必要である

■ コンピューター間の通信に必要なもの

オンプレミスの環境では、1台のコンピューターを単独で利用するだけでなく、より複雑な処理をおこなうために複数のコンピューターを組み合わせて利用することもあります。その場合、処理するデータなどは、ネットワークを介してコンピューター同士でやり取りするのが一般的です。

一般的なコンピューターでは、**ネットワークインターフェイスカード**（NIC）と呼ばれる、ケーブルの挿し口となるカード型の装置を搭載しています。その装置にLANケーブルを挿し、スイッチやルーターなどのネットワーク機器との接続をおこないます。また、各コンピューターやルーターなどのネットワーク機器には、**IPアドレス**と呼ばれる「ネットワーク上での住所」のような情報を設定し、ネット

ワークを構成します。そうすることで、同じネットワーク内の他のコンピューター
と通信したり、ルーターを介して他のネットワークと通信をおこなうことが可能に
なります。

IPアドレス

IPアドレスにはIPv4とIPv6の2種類があります。現在広く普及
しているIPv4アドレスは32ビット（2進数32桁）の長さのデー
タで、表記するときは8ビットごとに0〜255の10進数に変
換し、4個の値をピリオド（.）で繋げます。例えば「11000000
10101000 00000001 00010000」というIPアドレスは、
「192.168.1.16」と表します。

●基本的なネットワークの構成

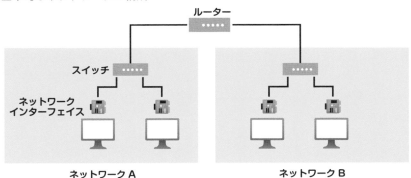

ネットワークA　　　　　ネットワークB

　複数の仮想マシン間でデータをやり取りしたり、仮想マシンを他のネットワーク
と接続したりする場合も、ネットワークの構築が必要になることはオンプレミスと
同様です。ただし、クラウド上に存在する仮想マシンに物理的なネットワーク機器
を接続することはできないので、構築するネットワークはあくまでも仮想的なもの
になります。「仮想的なネットワーク」というとイメージしづらいですが、Azure
では物理的なネットワークを作るときと同じような感覚で構築することができま
す。

5
日目

1
仮想ネットワークの基礎知識

具体的には、Azure上に仮想ネットワークというリソースを作成し、仮想マシンに搭載されている仮想的なネットワークインターフェイスをそこに接続します。そして、各仮想マシンにIPアドレスを割り当て、そのアドレス情報を使用して他の仮想マシンとの通信をおこないます。

仮想ネットワーク

　仮想ネットワークは、Azure内のネットワーク通信の最も基本的な構成要素です。オンプレミスの環境での構成に置き換えると、「LANケーブルによって接続された1つのネットワーク」と考えるとよいでしょう。仮想ネットワークによって、仮想マシン同士のようなAzureリソース間での通信や、Azureリソースとインターネットの間での通信が可能になります。

　仮想ネットワークは複数作成することもできます。各仮想ネットワークは独立したネットワークとなるので、完全に分離されたネットワーク環境が必要な場合に便利です。例えば、運用環境で使用する「本番用VNet」と別に、「テスト用VNet」や「開発用VNet」を作成すれば、本番用と完全に分離したテスト環境や開発環境を簡単に準備できます。仮想マシン間は、1つの仮想ネットワーク内では自由に通信できますが、仮想ネットワークが異なると、既定では通信できません。

●仮想ネットワーク

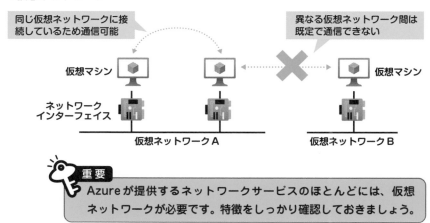

重要
Azureが提供するネットワークサービスのほとんどには、仮想ネットワークが必要です。特徴をしっかり確認しておきましょう。

■ サブネット

　ここまでは「仮想マシンを仮想ネットワークに接続する」という簡易的な説明をしましたが、厳密には「仮想マシンを仮想ネットワークのサブネットに接続する」というのが適切な説明となります。では、サブネットとは何でしょうか？

　サブネットとは、ネットワークを論理的に分割したものです。1つの仮想ネットワークを、より小さく分けた単位と考えるとよいでしょう。仮想マシンなどのAzureリソースは、実際には仮想ネットワークの特定のサブネットに接続されるため、1つの仮想ネットワークには1つ以上のサブネットが必要です。したがって、イメージとしては、仮想ネットワーク内にサブネットを作成し、そのサブネットに仮想マシンを接続することで、ネットワーク通信が可能となります。

　サブネットは、必要に応じて複数作成することもできます。既定では、仮想ネットワーク内のサブネット間はすべての通信経路が有効です。そのため、例えば、1つの仮想ネットワーク内を3つのサブネットに分割し、各サブネットに仮想マシンを接続した場合、どのサブネットに接続された仮想マシンでもお互いに通信できます。

● 仮想ネットワークとサブネット

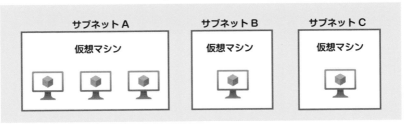

仮想ネットワーク

| サブネット A | サブネット B | サブネット C |
| 仮想マシン | 仮想マシン | 仮想マシン |

同じ仮想ネットワーク内のサブネット間はすべての通信経路が有効であるため、図内のすべての仮想マシンはお互いに通信可能

5日目

1 仮想ネットワークの基礎知識

1-2 IPアドレス

POINT!

- 仮想ネットワークの設定には、アドレス空間とアドレス範囲がある
- IPアドレスには2つの種類がある
- プライベートIPアドレスは主に仮想ネットワーク内での通信に使用される
- パブリックIPアドレスはインターネットからのアクセスに使用される

■ 仮想ネットワークのアドレス設定

オンプレミスの環境では、ネットワークを構成する各コンピューターやルーターなどのネットワーク機器にそれぞれ異なるIPアドレスを割り当てます。

組織などのようにコンピューターの数が多い環境では、**DHCPサーバー**などを用いて各コンピューターのIPアドレスを自動的に割り当てているケースが多いでしょう。Azureの仮想ネットワークでも、コンピューター間の通信をおこなうためにIPアドレスが必要であることは変わりませんが、割り当て方法は少し異なります。Azureの仮想ネットワークには**Azure内部DHCPサービス**が用意されており、このサービスによって仮想マシンなどのリソースにIPアドレスが割り当てられます。

Azure内部DHCPサービスは、Azure仮想ネットワークの組み込みのサービスであり、Azureポータルなどからその存在を確認することはできません。また、ユーザー自身でDHCPサーバーを設置することは禁止されているため、IPアドレスの割り当てには必ずAzure内部DHCPサービスを利用します。

Azure内部DHCPサービスで配布するIPアドレスの範囲は、サブネットの**アドレス範囲**によって決まります（次ページ「参考」を参照）。サブネットに接続する仮想マシンには、そのサブネットに設定されたアドレス範囲からアドレス値が割り当てられます。ただし、仮想マシンに割り当てられるIPアドレスの範囲のうち、先頭の4つと末尾の1つのアドレスは、仮想マシンなどのAzureリソースに割り当

てられることはありません。

　例えば、サブネットAのアドレス範囲が「10.0.0.0/16」である場合、先頭の4つのアドレス10.0.0.0〜10.0.0.3と、末尾の10.0.255.255は、仮想マシンなどのアドレスとしては利用できません。そのため、サブネットAに接続する1台目の仮想マシンには「10.0.0.4」、2台目の仮想マシンには「10.0.0.5」のように割り当てがおこなわれます。

●仮想マシンのIPアドレス配布

配布するプライベートIPアドレスの範囲を指定

サブネットA
アドレス範囲 10.0.0.0/16

仮想マシン

サブネットに設定されたアドレス範囲からアドレス値が順番に割り当てられる(ホスト部は、「4」以降)

10.0.0.4　10.0.0.5　10.0.0.6

参考

サブネットのアドレス範囲は「10.0.0.0/16」のように表記し、「/」の後ろの数値はそのサブネット内で使用するIPアドレスの共通部分(ネットワーク部)のビット数を表します。例えば「10.0.0.0/16」の場合は上位16ビットが共通部分となるので、アドレス範囲は10.0.0.0〜10.0.255.255となります。ただし、このうち先頭の「10.0.0.0」はネットワーク自体を表す**ネットワークアドレス**であり、末尾の「10.0.255.255」はネットワーク内のすべてのコンピューター(ホスト)へ一斉送信するための**ブロードキャストアドレス**であるため、コンピューターへの割り当てには使用できません。さらに、ネットワークアドレスを除いた先頭の3つ(10.0.0.1 〜 10.0.0.3)はAzureによって予約されているため、実際に個々のリソースに割り当てられるIPアドレスは10.0.0.4〜10.0.255.254 となります。

　仮想ネットワークの作成時には、**アドレス空間**を指定します。アドレス空間は、すべてのサブネットのアドレス範囲をまとめたものであるため、仮想ネット

ワーク内のサブネットで使用するアドレス範囲がすべて含まれるよう指定する必要があります。例えば、サブネットAのアドレス範囲が「10.0.0.0/16」、サブネットBが「192.168.1.0/24」、サブネットCが「192.168.2.0/24」のようになっている場合、この仮想ネットワークのアドレス空間は「10.0.0.0/16および192.168.0.0/16」のように設定します。言い換えれば、仮想ネットワーク全体のアドレス空間から、特定のアドレス範囲を切り出したものがサブネットとなります。

●サブネットのアドレス範囲と仮想ネットワークのアドレス空間

●仮想ネットワークの作成 - [IPアドレス] タブ

仮想ネットワークの作成時には、リソースとしての名前やリージョンの選択に加えて、アドレス空間や1つ以上のサブネットに関する情報も設定します。ただし、後からアドレス空間の拡張やサブネットの追加が必要になることも考えられるため、仮想ネットワークの作成後にアドレス空間を変更したり、サブネットを追加することが可能です。

IPアドレスの種類

これまでIPアドレスを「仮想マシンに割り当てる」と説明してきましたが、厳密にいうとIPアドレスは仮想マシンに搭載されたネットワークインターフェイスに割り当てられます。Azureでは、仮想マシンを作成すると同時にネットワークインターフェイスのリソースも作成され、両者に関連付け設定がおこなわれます。これにより、ネットワークインターフェイスが仮想マシンに搭載され、仮想マシンをネットワークにつなぐ接続口となります。

各ネットワークインターフェイスには、主に仮想ネットワーク内での通信に使用する**プライベートIPアドレス**と、インターネットからのアクセスに使用される**パブリックIPアドレス**が割り当てられます。どちらのIPアドレスも、ネットワークインターフェイスの管理画面から確認できます。また、それぞれのアドレス割り当てには［動的］と［静的］という2つの割り当て方法があります。

● 仮想マシンとネットワークインターフェイス

仮想マシン　　ネットワーク
　　　　　　インターフェイス

プライベート IP アドレス：x.x.x.x
パブリック IP アドレス：y.y.y.y

仮想マシンを作成すると、ネットワークインターフェイス
のリソースも同時に作成される

5日目

1 仮想ネットワークの基礎知識

●ネットワークインターフェイスの［概要］

■ プライベートIPアドレス

　プライベートIPアドレスは、主に仮想ネットワーク内での通信に使用される、無料のアドレスです。仮想ネットワーク内の別の仮想マシンとのネットワーク通信時には、このアドレスが使用されます。プライベートIPアドレスの割り当て方法には動的割り当てと静的割り当ての2種類があります。

● プライベートIPアドレスの動的割り当て

　仮想マシンでは、既定で使用される割り当て方法です。仮想マシンは作成後の最初の起動時に、接続したサブネットのアドレス範囲内から未使用のアドレス値を自動的に取得します。前述したように、例えば10.0.0.0/16のアドレス範囲のサブネットに接続された場合は、10.0.0.4のようなアドレス値が順番に割り当てられます。

　動的割り当てであっても、初回に自動で割り当てられたアドレスがその後

で変更されることは基本的にありません。仮想マシンを停止したり開始したりしてもアドレス値が変わることはなく、その仮想マシンおよびネットワークインターフェイスを削除するまで同じアドレス値が使用されます。

● プライベートIPアドレスの静的割り当て

アドレス値に特定の値を指定したい場合に使用する割り当て方法です。動的割り当てではサブネットのアドレス範囲から未使用のアドレス値が順に割り当てられますが、組織によっては管理上の目的で仮想マシンのプライベートIPアドレス値を明示的に指定したいケースが考えられます。静的割り当てにより、例えば10.0.0.0/16のアドレス範囲のサブネットに接続する特定の仮想マシンのアドレス値を、10.0.0.200のように指定できます。

静的割り当てされたアドレス値はAzure内部DHCPサーバー上で予約され、仮想マシンを停止したり開始したりしてもアドレス値が変わることはありません。その仮想マシンおよびネットワークインターフェイスを削除するまで、同じアドレス値が使用されます。

● プライベートIPアドレスの割り当て

サブネット A アドレス範囲 10.0.0.0/16	サブネット A アドレス範囲 10.0.0.0/16
仮想マシン プライベートIP：10.0.0.4	仮想マシン プライベートIP：10.0.0.200
アドレス範囲内から未使用のアドレス値が順番に割り当てられる	アドレス範囲内から特定のアドレス値を指定できる
動的割り当て	静的割り当て

◼ パブリックIPアドレス

パブリックIPアドレスは、インターネットからのアクセスに使用される、オプションの有料アドレスです。このアドレスは、インターネットからのアクセスを必

5日目 **1** 仮想ネットワークの基礎知識

要とするサービスを実行する仮想マシンなどで使用します。例えば、下図のような
3階層のシステムを仮想マシンで実装して公開する場合、インターネットからアク
セスを受けるWebサーバーにはパブリックIPアドレスが必要ですが、内部で使用
するアプリケーションサーバーやデータベースサーバーにはパブリックIPアドレ
スは不要です。

● 3階層システムとIPアドレス

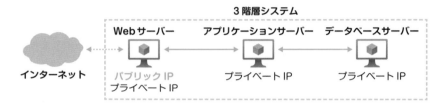

　パブリックIPアドレスの割り当て方法にも、動的割り当てと静的割り当ての2
種類があります。

● パブリックIPアドレスの動的割り当て

　仮想マシンの起動時にパブリックIPアドレスを自動的に取得し、停止時に
そのアドレスをリリースします。
　パブリックIPアドレスは、各リージョンで定義された範囲から一意のアド
レス値が割り当てられます。そのため、プライベートIPアドレスとは異なり、
仮想ネットワークのアドレス空間やサブネットのアドレス範囲とは関係あり
ません。

● パブリックIPアドレスの静的割り当て

　一度割り当てられたパブリックIPアドレス値を保持し続ける割り当て方
法です。例えば、動的割り当てでは仮想マシンを停止するとアドレス値をリ
リースするため、次に起動したときに割り当てられるアドレス値は前回の起
動時と異なる可能性が高くなります。一方、静的割り当てでは、仮想マシン
を停止してもアドレス値を保持するため、次に起動した後も同じアドレス値

を使用できます。

　プライベートIPアドレスとは異なり、自分の好きなアドレス値を指定することはできませんが、一度取得したアドレス値が保持できるため、インターネットから仮想マシンにIPアドレスを用いてアクセスする場合に、仮想マシンの停止や起動によってアクセス先が変わらないように構成できます。

●パブリックIPアドレスの割り当て

仮想マシン

パブリックIP：z.z.z.z

起動時に割り当て、停止時にリリースするため、仮想マシンの起動と停止の度に値が変わる

動的割り当て

仮想マシン

パブリックIP：y.y.y.y

停止しても値が維持されるため、次回の起動時も同じ値を使用できる

静的割り当て

AzureのパブリックIPアドレスにはBasic SKUとStandard SKUという2種類のタイプがあり、本書ではBasic SKUに基づいて説明しています。パブリックIPアドレスのBasic SKUは2025年9月30日に廃止が計画されており、それにともなって動的割り当ても使用できなくなる予定です。

5 日目

1 仮想ネットワークの基礎知識

1-3 ネットワークセキュリティグループ

POINT!

・NSGはファイアウォール機能を提供するリソースである
・NSGには、受信セキュリティ規則と送信セキュリティ規則がある
・各規則は優先度の数字が小さいものから先に適用される

■ ネットワークセキュリティグループの概要

オンプレミス環境のネットワークでは、多くの場合セキュリティ対策として**ファイアウォール**が導入されます。ファイアウォールとは、不正アクセスをブロックし、ネットワークを保護するための装置またはソフトウェアです。

Azureの仮想ネットワーク環境においても、悪意のある攻撃者からの不正なアクセスはブロックし、必要な通信のみがおこなわれるように制御する必要があります。その実現に役立つのが、**ネットワークセキュリティグループ**というリソースです。ネットワークセキュリティグループ（以下、**NSG**）は、仮想マシンが送受信するデータ（トラフィック）を制御するためのファイアウォール機能を提供します。イメージとしてはPCにインストールして使うパーソナルファイアウォールに近いもので、Windows OSに標準で搭載されている「Windows Defenderファイアウォール」のAzure版のように考えるとよいでしょう。

ファイアウォールでは一般的に規則（ルール）を作成し、規則に基づいて通信の制御をおこないます。規則には、通信の方向や種類などの条件を指定し、その条件に一致した場合に通信を許可またはブロックします。NSGでは、受信と送信のそれぞれに関する規則を作成できます。仮想マシンが使用するネットワークインターフェイスにNSGを関連付けた場合は、その仮想マシンに向かってくるトラフィックとその仮想マシンから出ていくトラフィックの両方を制御できます。例えば、Webサーバーの仮想マシンを公開し、インターネットからHTTPを使用してWeb

サーバーにアクセスできるようにするには、NSGの規則でHTTPのトラフィックを許可するように構成します。

● NSGの使用イメージ

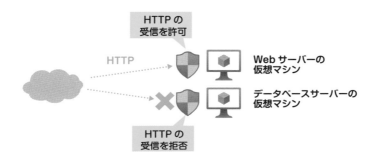

試験では、仮想マシンの送受信トラフィックの制御方法が問われます。

NSGは、仮想ネットワークのサブネットに関連付けて使用することもできます。サブネットへの関連付けは、同じ規則を複数の仮想マシンに適用したい場合などに役立ちます。

NSGの規則の管理

NSGの規則には、**受信セキュリティ規則**と**送信セキュリティ規則**があります。仮想マシンに向かってくるトラフィックについては受信セキュリティ規則、仮想マシンから出ていくトラフィックについては送信セキュリティ規則で制御します。

●受信セキュリティ規則と送信セキュリティ規則

　NSGで構成された各規則は、指定された優先度の数字が小さいものから先に適用されます。あるトラフィックがより優先度の数字が小さい（優先度が高い）規則の条件に一致した場合、その規則よりも数字が大きい（優先度が低い）規則は適用されません。

　例えば、次の表には、優先度100の値を持つ [Allow-HTTP] という規則が含まれています。これはインターネットからのHTTPトラフィック（ポート番号80）を許可する規則です。実際にインターネットからHTTPトラフィックが到達した場合、優先度100の [Allow-HTTP] に従ってその通信が許可され、それ以降の優先度の規則は使用されません。一方、インターネットからRDPトラフィック（ポート番号3389）が到達した場合は、優先度65001までの規則のどれにも一致しません。そのため、優先度65500の [DenyAllInBound] が適用され、受信が拒否されます。

●受信セキュリティ規則の動作

優先度	名前	ポート	プロトコル	ソース	宛先	アクション
100	Allow-HTTP	80	TCP	Internet	任意	許可
65000	AllowVnetInBound	任意	任意	VirtualNetwork	VirtualNetwork	許可
65001	AllowAzureLoad BalancerInBound	任意	任意	Azure LoadBalancer	任意	許可
65500	DenyAllInBound	任意	任意	任意	任意	拒否

　AzureポータルでNSGの規則を構成するには、NSGの管理画面で[**受信セキュ
リティ規則**]または[**送信セキュリティ規則**]のメニューを使用します。表示され
る規則の内容は異なりますが、どちらの画面も同じように操作が可能です。各画面
で[**追加**]をクリックすると、新しい規則を追加できます。規則の追加画面では、
特定のトラフィックを制御するための条件の指定と、その条件に一致した場合のア
クションとして許可または拒否を選択し、規則の優先度や名前を設定します。

● 規則の追加

受信セキュリティ規則の追加

1-4 ピアリング

POINT!

・ピアリングにより、異なる仮想ネットワーク間を接続できる

・同じリージョンでも、異なるリージョンでもピアリングが可能である

・ピアリングの種類に関わらず、設定方法は共通である

■ ピアリングの概要

1-1節では、異なる仮想ネットワーク間は既定では通信できないことを説明しました。各仮想ネットワークは独立しているため、仮想ネットワークを複数作成すればネットワークの分離が可能です。しかし、構成するシステムやアプリケーションによっては、異なる仮想ネットワーク間の通信をおこないたい場合も考えられます。

ピアリングという機能を使用すると、Azure上の2つ以上の仮想ネットワークをシームレスに接続できます。つまり、異なる仮想ネットワークに接続された仮想マシン同士が、お互いにプライベートIPアドレスを使用して自由に通信できるようになります。「ピア（peer）」という英単語には「仲間」や「同等」などの意味があり、異なる仮想ネットワークを仲間として接続するのがピアリングです。ピアリングされた仮想ネットワーク同士は、リージョン内ネットワークまたはマイクロソフトの内部的なネットワークであるMicrosoftバックボーンネットワークによって接続されるため、低遅延・広帯域な接続が可能です。

●ピアリングによる2つの仮想ネットワークの接続

試験では、ピアリングを必要とする事例について問われます。

■ ピアリングの種類

Azureでは、次の種類のピアリングがサポートされています。なお、どちらの種類についても設定方法は同じです。

● 仮想ネットワークピアリング

同じリージョン内の仮想ネットワーク同士を接続するピアリングです。例えば、VNet1とVNet2が両方とも東日本リージョン内に存在する場合に、その2つの仮想ネットワークを接続するために使用されます。

● グローバル仮想ネットワークピアリング

異なるリージョン間の仮想ネットワーク同士を接続するピアリングです。例えば、東日本リージョンに存在するVNet2と西日本リージョンに存在するVNet3がある場合に、この2つの仮想ネットワークを接続するために使用されます。

● ピアリングの種類

 異なるサブスクリプション同士でのピアリング設定も可能ですが、その場合には追加設定が必要です。詳細については、以下のWebサイトを参照してください。
https://learn.microsoft.com/ja-jp/azure/virtual-network/create-peering-different-subscriptions

ピアリングの設定

　ピアリングの設定は、仮想ネットワークに対しておこないます。Azureポータルでは、仮想ネットワークの管理画面で任意の仮想ネットワークを選択し、[ピアリング] の設定メニューの [追加] をクリックして構成します。

　ピアリングは異なる2つの仮想ネットワークを接続しますが、その2つのどちらの仮想ネットワークの管理画面からでも構成できます。つまり、VNet1とVNet2をピアリングする場合、VNet1の [ピアリング] の設定メニューを使用しても、VNet2の [ピアリング] の設定メニューを使用しても構いません。

　ピアリングの追加画面では、ピアリングリンク名や接続先の仮想ネットワークを選択し、ピアリングの設定をおこないます。ピアリングリンクとは、ピアリング設定の定義です。ピアリングは原則として方向ごとの設定が必要になるため、[この仮想ネットワーク] に対するピアリングリンク名と、対向となる [リモート仮想ネットワーク] に対するピアリングリンク名をそれぞれ設定します。これらを設定して [追加] をクリックすると、設定内容に従ってピアリングが構成され、選択した2つの仮想ネットワークのそれぞれにピアリングリンクが作成されます。

● [この仮想ネットワーク] に対するピアリングリンクの設定

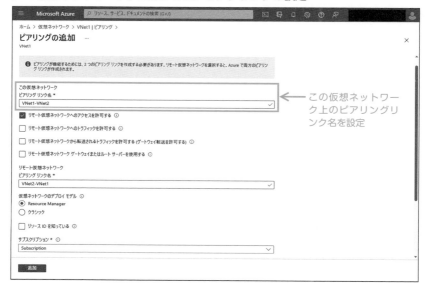

● [リモート仮想ネットワーク] に対するピアリングリンクの設定

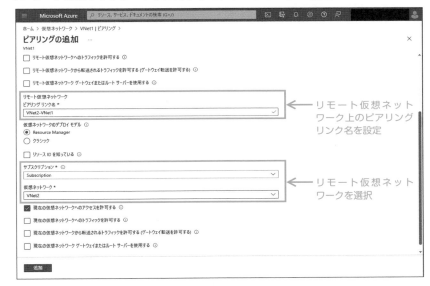

→ リモート仮想ネットワーク上のピアリングリンク名を設定

→ リモート仮想ネットワークを選択

5日目

1 仮想ネットワークの基礎知識

注意

アドレス空間が重複している2つの仮想ネットワークをピアリングで接続することはできません。ただし、ピアリングを構成しないのであれば、アドレス空間が重複する仮想ネットワークが存在していても問題ありません。

試験にトライ!

Q あなたが使用するAzure環境には、複数の仮想マシンがあります。あなたはVM1という仮想マシンについて、インターネットから受信可能なトラフィックをHTTPのみに制限したいと考えています。使用するべきソリューションとして最も適切なものはどれですか。

A.　ピアリング
B.　ネットワークセキュリティグループ
C.　Azure Load Balancer
D.　VPNゲートウェイ

- -

A ネットワークセキュリティグループにより、規則に基づいて仮想マシンの送受信トラフィックを制御できます。例えば、インターネットから仮想マシン宛におこなわれる通信を制御したい場合には、受信セキュリティ規則を構成することによって実現可能です。

ピアリングは、異なる仮想ネットワーク間の接続のための設定です。Azure Load Balancerは負荷分散のサービスの1つです。VPNゲートウェイは、オンプレミスネットワークとAzureの仮想ネットワークを接続するためのものです。いずれも、今回の事例に対するソリューションとしては適切ではありません。

正解　**B**

2 仮想ネットワーク関連サービス

- [ ] ロードバランサー
- [ ] VPNゲートウェイ
- [ ] ExpressRoute

2-1 ロードバランサー

POINT!

- 複数の仮想マシンで処理を分散するには、負荷分散サービスを構成する必要がある
- Azure Load Balancerはレイヤー4のロードバランサーとして使用でき、サービスの可用性が向上する
- Azure Load Balancerには種類や規則などの様々なコンポーネントがある

■ Azure Load Balancerの概要

　ユーザーからの多くのアクセス要求がある場合、1台のサーバーですべての要求を処理するのは限界があります。その対策の1つとして、処理するサーバーの数を増やすことが挙げられます。アクセス要求を複数のサーバーが分担して処理すれば、システム全体の処理能力が向上し、多くのアクセス要求を処理できるようになります。

　しかし、単純に複数のサーバーを用意するだけでよいのでしょうか？　それだけでは個々のサーバーが独立してサービスを提供している状態であり、ユーザーは各サーバーに個別にアクセス要求をおこなう必要があります。また、各サーバーへの

アクセスに偏りがあれば、システム全体としての処理の分散にはなりません。これは、Azureの仮想マシンであっても同じことが言えます。

●複数の仮想マシンを単純に用意した場合

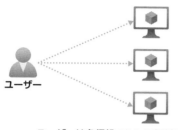

ユーザー

ユーザーは各仮想マシンに個別に
アクセスする必要がある

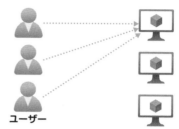

ユーザー

各仮想マシンへのアクセスに偏りがあればシ
ステム全体としての処理の分散にならない

　そこで役立つのが、**ロードバランサー（負荷分散装置）** です。ロードバランサーを利用すると、ユーザーからの見かけ上は1つのサーバーとして振る舞いつつ、実際には複数のサーバーで自動的に分散してアクセス要求を処理することが可能になります。

　Azureの仮想マシンサービスの場合も、アクセス要求を自動で複数の仮想マシンに振り分けるには、負荷分散装置に当たるサービスを利用する必要があります。Azureにはいくつかの負荷分散サービスがありますが、その中でも最も基本的なロードバランサーとしての機能を提供するのがAzure Load Balancerです。

　Azure Load Balancerは、IPアドレスとポート番号（TCP/UDP）によって複数の仮想マシンに負荷を分散します。Azure Load Balancerを使用した場合、ユーザーから届いたアクセス要求は、仮想マシンではなくロードバランサーで受けることになり、ロードバランサーから複数の仮想マシンのいずれかに振り分けられます。このような動作によって、ユーザーからの見かけ上は1つのサーバーであるかのように振る舞います。また、一部の仮想マシンがダウンしたとしても、残りの仮想マシンでサービスを引き続き処理できるため、サービスの可用性も向上します。

●Azure Load Balancerの動作イメージ

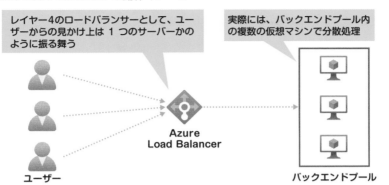

レイヤー4のロードバランサーとして、ユーザーからの見かけ上は 1 つのサーバーかのように振る舞う

実際には、バックエンドプール内の複数の仮想マシンで分散処理

Azure
Load Balancer

ユーザー

バックエンドプール

参考

Azureには、**Application Gateway**という負荷分散サービスもあります。Application Gatewayは、URLによって複数のWebアプリケーションサーバーに負荷を振り分ける場合などに使用します。
Azureで提供される負荷分散サービスの一覧やその選択基準については、以下のWebサイトを参照してください。
https://learn.microsoft.com/ja-jp/azure/architecture/guide/technology-choices/load-balancing-overview

5
日目

2 仮想ネットワーク関連サービス

■ Azure Load Balancerの主なコンポーネント

　Azure Load Balancerは様々なコンポーネントによって構成されます。負荷分散を適切におこなうには、これらのコンポーネントおよび負荷分散に特有の用語を理解しておく必要があります。

●Azure Load Balancerの主なコンポーネント

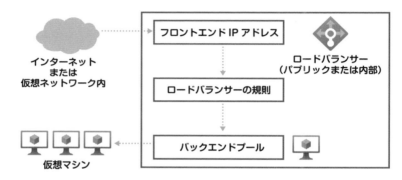

● ロードバランサーの種類

　ロードバランサーには、「**パブリック**」と「**内部**」の2つの種類があります。2つの違いはパブリックIPアドレスを持つかどうかです。負荷分散の対象がインターネットからのアクセス要求（パブリック）か、仮想ネットワーク内からのアクセス要求（内部）かによって適した種類を選択します。例えば、インターネットに公開するWebサイトを提供する3台の仮想マシンで負荷分散をおこなう場合は、パブリックロードバランサーを選択します。

● フロントエンドIPアドレス

　ロードバランサーに割り当てられるIPアドレスを**フロントエンドIPアド**レスといいます。既定で1つのIPアドレスが含まれますが、オプションでIPアドレスを追加することもできます。また、このIPアドレスはロードバランサーへのアクセスに使用されるため、インターネットからのアクセス要求を負荷分散する場合には、パブリックIPアドレスの割り当てが必要になります。

● バックエンドプール

　バックエンドプールは、負荷分散先となる複数の仮想マシンをグループ化したものです。例えば、インターネットに公開するWebサイトを提供する3台の仮想マシンは、1つのバックエンドプールに含める必要があります。

● ロードバランサーの規則

　ロードバランサーが有効に機能するには、ロードバランサーがどのような種類のアクセスを受け取り、それらをどのように振り分けるかを規則として設定する必要があります。規則にはいくつか種類がありますが、その中でも、「**負荷分散規則**」という規則が最も一般的に使用されます。その名前の通り、負荷分散をおこなうために使用する規則であり、例えば「ロードバランサーのポート80番宛に送られる通信をバックエンドプール内で振り分ける」などのように構成します。

　AzureポータルからAzure Load Balancerを作成する際には、上記のようなコンポーネントを設定するためのウィザードが表示されます。そのため、表示されるウィザードに従って操作をおこなうだけでAzure Load Balancerのリソースが作成され、ロードバランサーが使用可能になります。

●ロードバランサーの作成

2-2 VPNゲートウェイ

> ### POINT!
>
> ・VPNは拠点間接続などをおこなうために使用される技術の1つである
> ・オンプレミスネットワークと仮想ネットワークをVPNで接続するには、VPNゲートウェイが必要である
> ・VPN接続により、プライベートIPアドレスを使用した相互通信が可能になる

■ VPNとは

　オンプレミスの環境では、例えば本社と支社といった拠点間のネットワーク同士を接続するための方法として、**VPN**（Virtual Private Network：**仮想プライベートネットワーク**）と呼ばれる技術が用いられる場合があります。VPNとは、インターネットなどの公共のネットワーク回線を、仮想的に独立した専用回線のように利用する技術です。具体的には、送信側と受信側のそれぞれに設置した機器（VPNデバイス）で通信を暗号化し、通信内容が第三者から見えないように保護します。これにより、不特定多数が利用する公共のネットワーク回線を使って、拠点間での安全なデータのやり取りが可能になります。とくに、インターネットを利用するVPNを、**インターネットVPN**といいます。

　専用線を用いて拠点間接続をおこなうこともできますが、VPNのほうがより少ないコストで一定のセキュリティが確保された接続を実現できます。両者は、2つの拠点間の接続のために「専用の地下通路を設ける」のか、「公共の道路の一部に仮想的なトンネルを設ける」のか、の違いと考えるとよいでしょう。

　VPN接続にも様々な種類がありますが、インターネットVPNを用いて2つの

拠点間を接続する場合には、各拠点にVPNデバイスを設置し、それぞれが対向の
VPNデバイスへ接続できるように構成します。このような構成のVPNを、一般に
サイト間接続やサイト間VPNといいます。

●インターネットVPNによるサイト間接続

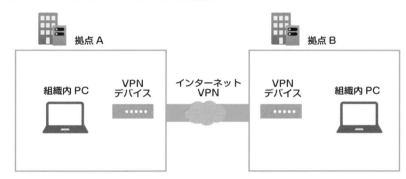

■ VPNゲートウェイ

第1節ではAzureの仮想ネットワークについて説明しましたが、オンプレミス
環境から見ると、クラウド上の仮想ネットワークも「1つの拠点」とみなすことが
できます。オンプレミスネットワークと仮想ネットワークの間は既定では通信でき
ませんが、VPN接続によって相互通信がおこなえるように構成できます。

オンプレミスネットワークと仮想ネットワークの間でVPNによるサイト間接続
をおこなう場合にも、双方にVPNデバイスを設置する必要があります。この際の
Azure側のVPNデバイスとなるのが、**VPNゲートウェイ**です。

VPNゲートウェイは、Azure上に作成する仮想的なネットワーク機器の一種
です。インターネット経由で異なるネットワーク間を接続し、暗号化されたトラ
フィックを送受信するために使用されます。オンプレミスネットワークとAzure
の仮想ネットワークを接続するには、Azure側にはVPNゲートウェイというリソー
スを作成し、オンプレミス側にはVPNデバイスを設置します。そして、相互に接

続できるように構成をおこない、VPNゲートウェイとオンプレミスネットワークのVPNデバイスの接続を確立します。これにより、オンプレミスネットワーク内のコンピューターと仮想ネットワーク上の仮想マシンは、プライベートIPアドレスを使用して相互に通信が可能になります。

●VPNゲートウェイによるサイト間接続

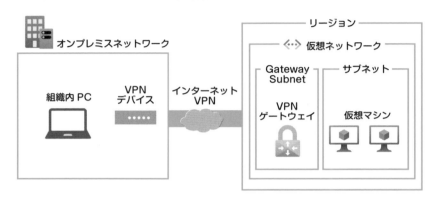

本書では「サイト間接続」の利用方法に焦点を当てて説明していますが、VPNゲートウェイにはそのほかにも「ポイント対サイト接続」や「仮想ネットワーク（VNet）間接続」といった利用方法もあります。これらの詳細については、以下のWebサイトを参照してください。
https://learn.microsoft.com/ja-jp/azure/vpn-gateway/vpn-gateway-about-vpngateways

■ サイト間VPN接続の主な実装手順

VPNゲートウェイを用いてサイト間接続を構成するには、次の手順が必要です。なお、本書で記載している内容は一般的な実装手順ですが、一部の手順はまとめておこなうこともできます。また、VPNゲートウェイとローカルネットワークゲー

トウェイの作成の順序は逆でも構いません。

● サイト間VPN接続の主な実装手順

手順1　仮想ネットワークおよびゲートウェイサブネットの作成
▼
手順2　VPNゲートウェイの作成
▼
手順3　ローカルネットワークゲートウェイの作成
▼
手順4　接続の作成と確認

① 仮想ネットワークおよびゲートウェイサブネットの作成

　VPNゲートウェイは仮想ネットワーク上に配置する必要があるため、そのための仮想ネットワークを作成します。また、その仮想ネットワークに、VPNゲートウェイを配置するための専用サブネットである**ゲートウェイサブネット**も作成します。なお、ここで作成するサブネットは「GatewaySubnet」という名前にする必要があります。

② VPN ゲートウェイの作成

　Azure上にVPNゲートウェイを作成します。VPNゲートウェイを作成するには、仮想ネットワークゲートウェイの作成画面で [**ゲートウェイの種類**] として [VPN] を選択します。また、ゲートウェイの種類の他にも、配置先となる仮想ネットワークの指定などが必要です。

5
日目

2
仮想ネットワーク関連サービス

●仮想ネットワークゲートウェイの作成

③ローカルネットワークゲートウェイの作成

オンプレミスネットワーク上にVPNデバイスを設置し、そのVPNデバイスの
IPアドレスなどの情報をAzure上に登録するために、**ローカルネットワークゲー
トウェイ**という種類のリソースを作成します。ローカルネットワークゲートウェイ
はAzure上のリソースの1つではありますが、オンプレミス側のVPNデバイスの
情報を登録するための「設定リソース」です。そのため、ローカルネットワークゲー
トウェイの作成では、オンプレミスネットワークに設置したVPNデバイスのIPア
ドレスや、オンプレミスネットワークで使用しているIPアドレスのアドレス空間
を設定します。

● ローカルネットワークゲートウェイの作成

```
≡   Microsoft Azure    ⌕ リソース、サービス、ドキュメントの検索 (G+/)           ⧉ 🕮 🔔 ⚙ ⑦ 🖉          👤

ホーム > ローカル ネットワーク ゲートウェイ >

ローカル ネットワーク ゲートウェイの作成  …                                          ✕

基本    詳細設定    確認および作成

ローカル ネットワーク ゲートウェイは、オンプレミスの場所 (サイト) を表す特定のオブジェクトで、ルーティングに使用されます。 詳細情報 ⧉

プロジェクトの詳細
サブスクリプション *                 Subscription                              ⌄

  └─ リソース グループ *              RG1                                        ⌄
                                  新規作成

インスタンスの詳細
地域 *                             Japan East                                ⌄

名前 *                             OnPremisesGW1                             ⌄

エンドポイント ⓘ                     ( IP アドレス   FQDN )

IP アドレス * ⓘ                      10.1.2.3                                  ⌄

アドレス空間 ⓘ

  192.168.0.0/24                                                       ⌄  🗑 ⋯

  その他のアドレス範囲の追加

────────────────────────────────────────────────────────────────

確認および作成        前へ        次: 詳細設定 >
```

④接続の作成と確認

　Azure上に作成したVPNゲートウェイと、オンプレミスネットワークのVPNデバイス情報であるローカルネットワークゲートウェイを接続します。接続後は、適切に接続できたかどうかの確認もおこないます。

> 試験では、VPNによるサイト間接続をおこなう際に必要となるリソースについて問われます。

2-3 ExpressRoute

POINT!

- ExpressRouteは閉域網での接続を提供するサービスである
- VPNに比べて、高い安全性と安定したパフォーマンスが得られるという利点がある
- ExpressRouteを使用するには、接続プロバイダーとの契約も必要である

■ ExpressRouteの概要

2-2節ではVPNゲートウェイについて取り上げ、オンプレミスネットワークとAzureの仮想ネットワークをインターネットVPNで接続する方法について説明しました。VPNによるサイト間接続の場合、送受信されるトラフィックはインターネットなどの公共の回線を経由することになります。そのため、あくまでもベストエフォート（可能な範囲内での品質保証）通信であり、ネットワークの帯域幅の保証がないことから、通信の遅延などの問題が発生することがあります。

また、VPNで送受信されるトラフィックは一定のセキュリティが確保されていますが、組織で定めているコンプライアンス上の理由から、インターネットを経由すること自体を避けたいと考える場合もあります。

そのような場合に対応するために用意されているサービスがExpressRouteです。ExpressRouteは、オンプレミスのネットワークとマイクロソフトデータセンターとの間を専用線で接続します。つまり、オンプレミスネットワークと仮想ネットワークとの間に、インターネットなどの外部からアクセスできない閉じたネットワーク（閉域網）を構築するサービスです。VPNに比べるとコストは高くなりますが、インターネットを使用しないため、高い安全性を持ちます。また、様々な帯域幅のExpressRoute回線が選択可能で、安定したパフォーマンスが得られます。

● ExpressRoute による接続

オンプレミス
ネットワーク

ExpressRoute 回線

マイクロソフト
データセンター

閉域網での接続により、高い安全性と安定したパフォーマンスを提供

注意

ExpressRouteを使用するには、Azure上のリソースとして
ExpressRouteの仮想ネットワークゲートウェイやExpress
Route回線などを作成するほか、接続プロバイダー（サービスプ
ロバイダー）と連携して接続をおこなう必要があります。そのた
め、マイクロソフトとのAzureの契約とは別に、接続プロバイ
ダーとの契約も必要です。

参考

接続プロバイダーによって、サービスの提供地域や費用、サービ
スの内容、責任範囲などは異なります。ExpressRouteの接続プ
ロバイダーの一覧については、以下のWebサイトを参照してく
ださい。
https://learn.microsoft.com/ja-jp/azure/expressroute/
expressroute-locations

■ ExpressRouteの主な実装手順

　ExpressRouteを実装し、オンプレミスネットワークと仮想ネットワークを
接続する主な手順は次のとおりです。本書ではオンプレミスネットワークと仮想
ネットワークとの接続のための基本的な接続手順を説明しますが、選択する接続
プロバイダーや構成によって細部の順序などが異なる可能性があります。また、
ExpressRouteの利用には、この手順とは別に、接続プロバイダーとの契約も必
要です。

5
日目

2
仮想ネットワーク関連サービス

● ExpressRouteの主な実装手順

手順1 ExpressRoute回線の作成
▼
手順2 ExpressRouteピアリングの構成
▼
手順3 ExpressRouteゲートウェイの作成
▼
手順4 接続の作成と確認

 注意 ExpressRouteの実装手順の詳細は接続プロバイダーによって異なる可能性があるため、事前に各接続プロバイダーやマイクロソフトに確認しておくことをお勧めします。

① ExpressRoute 回線の作成

　最初の作業として、Azure上に「ExpressRoute回線」という種類のリソースを作成します。ExpressRoute回線を作成すると、個々のExpressRoute回線を識別するための「サービスキー」と呼ばれるIDが発行されます。サービスキーは接続プロバイダー側での初期設定に必要な情報であるため、サービスキーの情報を確認して接続プロバイダーに連絡する必要があります。

● ExpressRoute回線の作成

② ExpressRoute ピアリングの構成

　ExpressRouteピアリングとは、ExpressRoute回線の利用目的に応じて構成する情報です。具体的には２つの選択肢がありますが、オンプレミスネットワークと仮想ネットワークの接続の目的に使用する場合には「Azure プライベートピアリング」を構成する必要があります。ExpressRouteピアリングの構成をおこなうには、前の手順で作成したExpressRoute回線の管理画面で構成するピアリングを選択し、必要な情報を入力します。

③ ExpressRoute ゲートウェイの作成

　ExpressRouteを使用して仮想ネットワークとの接続をおこなう場合、接続先となる仮想ネットワーク上にゲートウェイサブネットを用意し、仮想ネットワークゲートウェイを作成します。VPNゲートウェイの作成時と同様、ゲートウェイサブネットには「GatewaySubnet」という名前を付ける必要があります。仮想ネットワークゲートウェイの作成方法は基本的にVPNゲートウェイの作成時とほとんど同じですが、[**ゲートウェイの種類**] では [**ExpressRoute**] を選択する必要があります。

④接続の作成と確認

　これまでの手順で作成したExpressRoute回線と仮想ネットワークゲートウェイをリンクするために、「接続」という種類のリソースを作成します。接続リソースの作成により、ExpressRoute回線と仮想ネットワークゲートウェイ間の接続が確立されます。

　ここまでの作業が完了し、オンプレミスネットワークと接続プロバイダー間のアクセス回線やネットワーク設定も完了していれば、オンプレミスネットワークとAzure仮想ネットワーク上の仮想マシンとの間で通信できるようになります。

参考

本書では仮想ネットワークとの接続のための手順に焦点を当てて説明していますが、ExpressRouteはマイクロソフトのオンラインサービスであるMicrosoft 365やAzure PaaSサービスとの接続のために使用することもできます。その場合はExpressRoute回線で「Microsoftピアリング」を構成します。

5
日目

2

仮想ネットワーク関連サービス

5日目のおさらい

問　題

Q1　仮想ネットワークに関する説明のうち、適切ではないものはどれですか。

A. 仮想マシン同士で通信をおこなうには仮想ネットワークが必要である

B. 1つの仮想ネットワーク内では自由に通信できる

C. 1つの仮想ネットワークには3つ以上のサブネットが必要である

D. 異なる仮想ネットワーク間は既定では通信できない

Q2　VNet1という名前の仮想ネットワーク内には、SubnetAというサブネットがあります。SubnetAのアドレス範囲には「10.0.0.0/16」が設定されていますが、SubnetAに接続する1台目の仮想マシンに割り当てられるプライベートIPアドレスとして適切なものはどれですか。

A. 10.0.0.1

B. 10.0.0.4

C. 10.1.0.4

D. 192.168.1.1

Q3

仮想マシンがインターネットからのアクセスを受けるために必要となる、オプションの有料アドレスを表すものはどれですか。

A. プライベートIPアドレス
B. 外部IPアドレス
C. コミュニティIPアドレス
D. パブリックIPアドレス

5
日目

Q4

ネットワークセキュリティグループが提供する機能として適切なものはどれですか。

A. 仮想マシンが送受信するネットワークトラフィックを制御する
B. 2つの異なる仮想ネットワーク間を接続する
C. オンプレミスネットワークと仮想ネットワークを接続する
D. データセンター障害から仮想マシンを保護する

Q5

異なるリージョンの2つの仮想ネットワークの仮想マシン間でアクセスをおこないたいと考えています。使用すべき機能または設定として適切なものはどれですか。

A. Azure Load Balancer
B. プライベートIPアドレスの静的割り当て
C. ピアリング
D. ExpressRoute

Q6 同じ役割を構成した3つの仮想マシンがあり、この3つの仮想マシンで負荷を分散できるように構成したいと考えています。使用すべきサービスとして適切なものはどれですか。

A. VPNゲートウェイ
B. ExpressRoute
C. Azure Load Balancer
D. ネットワークセキュリティグループ

Q7 オンプレミスネットワークと仮想ネットワークの間で、VPNによるサイト間接続をおこないたいと考えています。このとき、Azureに作成する必要があるリソースはどれですか（2つ選択）。

A. ローカルネットワークゲートウェイ
B. アプリケーションゲートウェイ
C. ExpressRouteゲートウェイ
D. VPNゲートウェイ

Q8 ExpressRouteに関する説明のうち、適切ではないものはどれですか。

A. 高い安全性と安定したパフォーマンスが得られる
B. VPNに比べ、より少ないコストでオンプレミスネットワークとの接続を実現できる
C. 使用するには、接続プロバイダーとの契約も必要である
D. 閉域網での接続を提供するサービスである

解 答

A1 C

1つの仮想ネットワークには、少なくとも1つ以上のサブネットが必要
です。必要に応じて、1つの仮想ネットワークを複数のサブネットに分
割することもできますが、その場合でもサブネット間の通信は可能です。

→ P.184、P.185

A2 B

サブネットに接続する仮想マシンには、そのサブネットに設定された
アドレス範囲からプライベートIPアドレス値が割り当てられます。た
だし、ホスト部の1〜3はAzure上で予約されているため、SubnetA
に接続する仮想マシンに割り当てられるアドレスのホスト部は「4」以
降の値になります。

→ P.186、P.187、P.188

A3 D

IPアドレスの種類には、プライベートIPアドレスとパブリックIPアド
レスがあります。このうち、インターネットからのアクセスに使用さ
れるのはパブリックIPアドレスです。

→ P.190、P.191、P.192、P.193

A4 A

ネットワークセキュリティグループは、仮想マシンが送受信するネッ
トワークトラフィックを制御するためのファイアウォール機能を提供
します。例えば、ある仮想マシンがインターネットから受信可能なト
ラフィックをHTTPのみに制限できます。

→ P.194、P.195

A5　C

ピアリングという機能を使用すると、異なる仮想ネットワークをシームレスに接続できます。ピアリングはリージョンに依存せずに設定できるため、2つの仮想ネットワークのリージョンが異なっていても構いません。

➡ P.198、P.199

A6　C

Azure Load Balancerを使用すれば、同じ役割を構成した複数の仮想マシンで負荷分散できます。ユーザーからのアクセス要求はロードバランサーで受信し、そのアクセス要求はバックエンドプールに含まれる仮想マシンに振り分けられます。

➡ P.203、P.204、P.205

A7　A、D

VPNによるサイト間接続をおこなう場合、双方のネットワークにVPNデバイスを設置する必要があります。Azure側のVPNデバイスとして使用されるのがVPNゲートウェイであるため、そのリソースの作成が必要です。また、オンプレミスネットワーク上に設置したVPNデバイスのIPアドレス情報などをAzureに登録するために、ローカルネットワークゲートウェイというリソースの作成も必要です。

➡ P.209、P.210、P.211、P.212、P.213

A8　B

ExpressRouteは閉域網での接続を提供するサービスであり、VPNに比べるとコストは高いです。ただし、インターネットを使用しないため、高い安全性と安定したパフォーマンスを得ることができます。

➡ P.214、P.215

6日目

1 ストレージの基礎知識

- [ ] Azure Blob Storage
- [ ] Azure Files
- [ ] ストレージアカウント
- [ ] レプリケーションオプション

1-1 ストレージサービスの概要

POINT!

- ・ストレージはデータを保存しておくための記憶装置であり、作業データやアプリケーションデータの保存先などに使用される
- ・ストレージサービスは、ストレージの貸し出しサービスである
- ・ストレージサービスにおけるストレージのインフラストラクチャは、マイクロソフトによって管理や保守がおこなわれる
- ・ストレージサービスには様々な種類がある

■ ストレージとは

　ストレージとは、データを保存しておくための記憶装置（ディスク）のことです。通常、コンピューターの処理によって生成されたデータは、コンピューターを停止しても消えないようにどこかに保存しておく必要があります。例えばPCで作成したドキュメントファイルなどは、PCに内蔵されているハードディスクに保存します。この「内蔵されているハードディスク」もストレージの1つです。

　また、コンピューターの外部にデータを保存しておくために「外付けハードディスク」を使用したり、ネットワークを介して他のユーザーと共有する「NAS

(Network Attached Storage)」と呼ばれる記憶装置を使う場合もあるでしょう。これらもストレージの一種です。

ストレージは、純粋に作業データなどを保存するだけでなく、様々な用途で使用されます。例えば、複数のユーザーが利用するファイルの共有先として使用したり、アプリケーション間でのデータのやり取りのための場所として使用したりします。

● ストレージの用途

作業データの保存

ファイル共有として使用

ストレージ

アプリケーションのデータ
交換場所として使用

オンプレミスの環境ではこのようなストレージを自分達で調達して使用しますが、Azureではクラウド上にストレージを作成して使用できます。

■ ストレージサービス

Azureのストレージサービス (Azure Storage) は、ストレージの貸し出しサービスであり、ファイルなど様々な種類のデータをクラウドに保存するために使用できます。

用途としてはオンプレミスで使用するストレージと同様ですが、Azureのストレージサービスには、次のような特徴があります。

● 冗長性および高可用性

データに冗長性を持たせることができるため、ハードウェア障害が発生しても、データを安全に保つことができます。例えば、異なるデータセンターやリージョンにデータをレプリケーション(複製)しておけば、自然災害などが発生してデータが保管されているリージョンにアクセスできなくなった場合でも、別のリージョンのデータにアクセスできるため、高可用性が維持できます。

6
日目

1
ストレージの基礎知識

● セキュリティ保護

　ストレージサービスに書き込まれたすべてのデータは暗号化されます。さらに、データにアクセスできるユーザーをきめ細かく制御することもできます。

● スケーラブル（拡張性）

　Azureのストレージサービスは、アプリケーションの必要に応じて、容量や性能を柔軟に拡張できます。例えば、ファイル共有を提供するAzure Filesでは最大容量としてクォータを設定できますが、これは必要に応じて後から変更可能です。

● 最大容量を変更可能

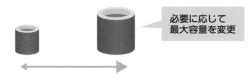

必要に応じて
最大容量を変更

● マネージド

　Azureのストレージは、Azureを運営するマイクロソフトの責任のもとで管理や保守がおこなわれています。ユーザーに代わって、マイクロソフトがハードウェアのメンテナンス、更新プログラムの適用、重大な問題への対処などをおこなうため、ユーザーによる運用や管理の負荷を大幅に軽減できます。このようなサービスを**マネージドサービス**といいます。

● 広範なアクセス

　保存したデータには、世界中のどこからでもHTTPまたはHTTPS経由でアクセスできます。また、Azureポータルだけでなく、Azure PowerShellまたはAzure CLIによる管理やスクリプトの実行もサポートされています。

ストレージサービスの種類

Azureでは、保存するデータの種類や目的に応じて、様々なストレージサービスが提供されていますが、主なものは次の4種類です。このうち、「Azure Blob Storage」と「Azure Files」は汎用的に使用されるサービスで、「Azure Queue Storage」と「Azure Table Storage」は主にアプリケーション開発者が使用するサービスです。

● ストレージサービスの種類

● Azure Blob Storage（BLOBコンテナー）

テキストデータやバイナリデータなど、大量の非構造化データを格納するために最適化されたサービスです。BLOBとはBinary Large Objectの略で、意味としては「バイナリ形式の大きなオブジェクト」ですが、要は何でも保存できるストレージです。4種類のストレージサービスの中で、最も多く使用されています。

● Azure Files

クラウド上にSMBファイル共有またはNFSファイル共有を作成するサービスです。要は、インターネットを介してアクセス可能な**共有フォルダー**を作ることができます。オンプレミスの環境で使用する共有フォルダーと同じように、Azure上に作成した共有フォルダーもコンピューターにマウント（ネットワークドライブへの割り当て）が可能です。SMBファイル共有にはWindows、macOS、Linuxクライアントから、NFSファイル共有にはmacOS、Linuxクライアントからアクセスできます。

6日目 1 ストレージの基礎知識

● Azure Queue Storage (キュー)

異なるアプリケーション間のデータ交換場所である、キューを提供するサービスです。キューは、アプリケーション間でやり取りするデータやメッセージを一時的に保管しておく場所です。Azure Queue Storage を使用すると、送信側のアプリケーションはデータをキューに格納し、受信側の処理を待たずに次の処理に移ることができます。受信側のアプリケーションは、準備ができたらキューからデータを取り出して処理をおこないます。このようなアプリケーション間のやり取りを**非同期通信**といいます。

● Azure Table Storage (テーブル)

テーブルデータを格納するサービスです。テーブルデータとは表形式のデータです。イメージとしてはデータベースに近いのですが、後ほど2-2節で説明するような本格的なデータベースではなく、スキーマ(データベースの設計図のこと)の定義も必要ありません。キーと値を組にしたシンプルなデータを大量に格納し、高速に読み書きするような用途に向いています。このようなデータを非リレーショナル構造化データといいます。

 試験では、事例に基づいてどのストレージサービスを使用すべきかが問われます。

1-2 ストレージアカウント

POINT!

- ・ストレージサービスを利用するためにはストレージアカウントを作成する必要がある
- ・ストレージアカウントの種類によって、使用可能なサービスなどが異なる
- ・StandardはHDDであり、PremiumはSSDである
- ・ストレージアカウントの種類は後から変更できない

■ ストレージアカウントとは

　ここまでは、ストレージサービスの概要や種類について説明しました。しかし、実際のAzureポータルの管理画面には「Azure Blob Storage」や「Azure Files」という名前のメニューはありません。ストレージサービスを利用するには、最初に**ストレージアカウント**というリソースを作成する必要があります。

　ストレージアカウントとは、ストレージサービスを利用するための「入れ物」となるリソースです。ストレージアカウントを作成すると、そのストレージアカウントを使用して各種サービスを利用することができます。ここまでの内容も含めて整理すると、ストレージサービスとストレージアカウントの関係は、次の図のように表すことができます。

● ストレージサービスとストレージアカウントの関係

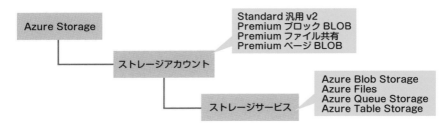

```
Azure Storage

    ストレージアカウント ────── Standard 汎用 v2
                              Premium ブロック BLOB
                              Premium ファイル共有
                              Premium ページ BLOB

        ストレージサービス ────── Azure Blob Storage
                                Azure Files
                                Azure Queue Storage
                                Azure Table Storage
```

図の「Azure Storage」はストレージサービス全体を表す名称です。その配下の「ストレージアカウント」は、Azure上に作成するリソースです。そして、ストレージアカウントを作成すると、Azure Blob StorageやAzure Filesなどの「ストレージサービス」が利用できます。

ストレージアカウントを作成すると、そのストレージアカウントの管理画面内で各種サービスのメニューが表示されます。例えば、次の画面内の「コンテナー」はAzure Blob Storageを利用するためのメニューであり、「ファイル共有」はAzure Filesを利用するためのメニューです。

● ストレージアカウントの管理画面

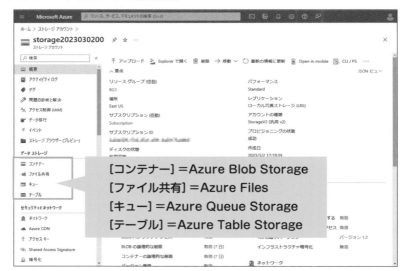

ストレージサービスとストレージアカウントの関係は、Azureを使用する上で重要な概念です。

■ ストレージアカウントの種類

　ストレージアカウントには、いくつかの種類があります。どの種類のストレージアカウントを作成するかによって、使用可能なストレージサービスや価格モデルなどが異なります。

　次の表のように、ストレージアカウントは大きくStandard（スタンダード）とPremium（プレミアム）の2種類に分かれます。Standardは磁気ドライブ（HDD）を基盤としているため、容量当たりのコストが安く、大量のストレージを必要とするアプリケーションやデータへのアクセス頻度が低いアプリケーションに適しています。一方、Premiumはソリッドステートドライブ（SSD）を基盤としており、安定した低遅延のパフォーマンスを提供します。

● ストレージアカウントの種類

アカウントの種類	サポートされているサービス	レプリケーションオプション	説明
Standard 汎用v2	Blob Storage Azure Files Queue Storage Table Storage	LRS GRS RA-GRS ZRS GZRS RA-GZRS	BLOB Storage、Azure Files、Queue Storage、Table Storageの使用で基本となるストレージアカウント。ストレージサービスを使用するほとんどのシナリオで推奨される。
Premium ブロック BLOB	Blob Storage（ブロックBLOBのみ）	LRS ZRS	Premiumのパフォーマンス特性を持つブロックBLOBと追加BLOB用のストレージアカウント。読み書きの頻度が高く比較的小さなオブジェクトが使用されるシナリオや、高いストレージ性能が要求されるシナリオで推奨される。
Premium ファイル共有	Azure Filesのみ	LRS ZRS	Premiumのパフォーマンス特性を持つファイル共有専用のストレージアカウント。エンタープライズまたはハイパフォーマンススケールアプリケーションでの使用が推奨される。
Premium ページBLOB	Blob Storage（ページBLOBのみ）	LRS	ページBLOBに特化したPremium Storageアカウント。

6日目

1 ストレージの基礎知識

前ページの表のとおり、「Standard 汎用 v2」が最も広い用途で使用でき、後述するレプリケーションオプションの選択肢も多いという特徴があります。ストレージサービスを使用するほとんどの場合対応できることから、マイクロソフトはStandard汎用v2の使用を推奨しています。用途が限定的であり、より高いパフォーマンスを必要とする場合には、Premiumの種類の使用を検討するとよいでしょう。

● ストレージアカウントの種類の選択

[Standard] または [Premium]
のいずれかを選択

上記で [Premium] を選択した場合は、
さらに Premium アカウントの種類を選択

注意　ストレージアカウントの種類は後から変更できないため、切り替える場合には新しくストレージアカウントを作成し、使用しているデータを移行する必要があります。

1-3 レプリケーションオプション

6日目

1 ストレージの基礎知識

■ ストレージレプリケーションの必要性

　企業などの組織で使うストレージには、一般に高い可用性や耐久性が求められます。そのため、複数のストレージ間でデータの複製をおこなったり、ディスクが物理的に故障した場合は交換をおこなうなどの保守・運用が必要になります。オンプレミスの環境では、こうした保守・運用を自力でおこなわなければなりません。

　データを格納するのに物理的なディスクが必要なのは、クラウドのストレージサービスの場合も同様です。Azureのストレージサービスにおける格納場所の実体は、マイクロソフトのデータセンター内にあるディスクです。したがって、オンプレミスの場合と同様に、ディスクが故障する可能性はゼロではありません。ただし、特定のディスクが故障してもデータが失われないように、Azureにはストレージレプリケーションと呼ばれる仕組みが用意されています。

●異なるリージョンへのレプリケーション

プライマリリージョン　　　　　　　　　セカンダリリージョン

レプリケーション

ストレージレプリケーションとは、名前の通り、データを保護するためにストレージを複製する仕組みです。一時的なハードウェア障害やネットワークの停止、停電、大規模な自然災害などが発生してもデータが保護されるように、ストレージアカウントに保存されたデータは常に複製され、耐久性と高可用性が保証されます。同じデータセンター内だけでなく、同じリージョンのゾーン間、さらにはリージョン間でデータをレプリケーションすることも可能です。このようなレプリケーションにより、障害が発生しても、ストレージに関するサービスレベル契約（7日目参照）の水準が維持されます。

　どの範囲でストレージレプリケーションがおこなわれるかは、ストレージアカウントの作成時に選択する**レプリケーションオプション**（レプリケーションの種類）によって異なります。レプリケーションオプションには、次の4つの選択肢があります。

- ローカル冗長ストレージ (LRS)
- ゾーン冗長ストレージ (ZRS)
- geo冗長ストレージ (GRS)
- geoゾーン冗長ストレージ (GZRS)

　さらに、「geo 冗長ストレージ（GRS）」または「geo ゾーン冗長ストレージ（GZRS）」のいずれかの選択時には、オプションとしてセカンダリリージョンのデータに対する読み取りアクセスを構成できます。

●レプリケーションオプションの選択

> ストレージアカウントの種類やリージョンによって選択可能なレプリケーションオプションは異なります。

注意

■ ローカル冗長ストレージ（LRS）

ローカル冗長ストレージ（LRS）を選択した場合は、選択したリージョン（プライマリリージョン）の1つのデータセンター内で、データが3つのディスクにほぼ同時に書き込まれます。

1つのデータセンター内の3つのディスクに同じデータが保持されるため、そのうちの1つまたは2つのディスクが壊れてしまった場合でも、データを引き続き使用することができます。このオプションでは、年間99.999999999％（イレブンナイン）以上の持続性が提供されます。

持続性
データが失われない確率。耐久性ともいう。

用語

●LRSのイメージ

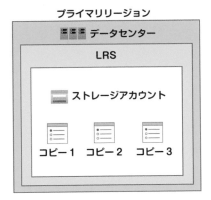

LRSは最もコストが安い反面、他のオプションと比較した場合の持続性は最も低くなります。データはサーバーラックやドライブの障害からは保護されますが、

6日目　■1　ストレージの基礎知識

データセンターが火災や洪水などの災害に見舞われた場合は、使用しているストレージアカウントのすべてのコピーが失われる可能性があります。そのようなリスクに備える必要があるときは、他のレプリケーションオプションの使用を検討します。

ゾーン冗長ストレージ (ZRS)

ゾーン冗長ストレージ (ZRS) では、選択したリージョンの3つの可用性ゾーン間で、データの書き込みと同時にコピーが作成されます。各可用性ゾーンは、独立した電源、冷却装置、ネットワークを持っており、物理的に独立した場所にあります。

そのため、リージョン内のいずれか1つのデータセンターで火災が起きたとしても、別の可用性ゾーンに属するデータセンターにコピーされたデータを引き続き使用することができます。このオプションでは、年間99.9999999999%（トゥエルブナイン）以上の持続性が提供されます。

●ZRSのイメージ

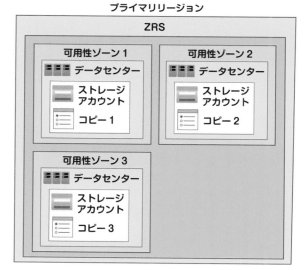

ZRSは可用性ゾーンに基づいているため、選択するリージョンによっては使用できないことに注意する必要があります。例えば、東日本リージョンではZRSがサポートされていますが、ZRSがサポートされていないリージョンでは使用できません。

また、複数のゾーンが永続的に影響を受けるようなリージョン障害からデータを保護することはできません。そのようなリスクに備える必要がある場合には、他のレプリケーションオプションの使用を検討します。

■ geo冗長ストレージ（GRS）

geo（ジオ）は「地理」を意味する言葉であるため、**geo冗長ストレージ**（GRS）は地理的冗長ストレージとも呼ばれます。GRSでは、まず、LRSと同様にプライマリリージョンの1つのデータセンター内で、データの書き込みと同時に3つのコピーが作成されます。

データはその後、プライマリリージョンのペアとなるセカンダリリージョンの1つのデータセンターに非同期で転送され、セカンダリリージョン内でも3つのコピーが作成されます。つまり、合計6つのディスクで同じデータが保持されます。このオプションでは、年間99.99999999999999%（シックスティーンナイン）以上の持続性が提供されます。

●GRSのイメージ

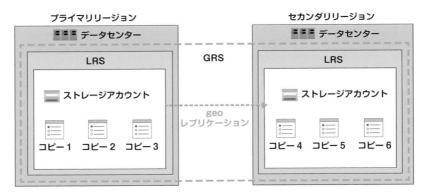

GRSでは、大規模な災害などによってプライマリリージョンにアクセスできなくなった場合でも、セカンダリリージョン内で保持されているデータを使用できます。

■ 読み取りアクセスgeo冗長ストレージ（RA-GRS）

GRSでは平常時にセカンダリリージョンにアクセスすることはできないため、平常時におけるセカンダリリージョンは完全なバックアップとして機能します。実際に障害が発生してプライマリリージョンにアクセスできなくなった場合に利用者またはマイクロソフトがフェールオーバーと呼ばれるプロセスを実行すると、そこで初めてセカンダリリージョンへのアクセスが可能になります。

GRSでは、必要に応じてセカンダリリージョンのデータに読み取りアクセスを設定できます。このようなGRSを、通常のGRSと区別して「**読み取りアクセスgeo冗長ストレージ（RA-GRS）**」と呼びます。

ストレージをRA-GRSとして構成した場合は、平常時からプライマリリージョンとセカンダリリージョンの両方へのアクセスが可能です。ただし、両方に書き込みができると互いの内容が食い違ってしまうため、平常時のセカンダリリージョンのデータは「読み取り専用」となります。障害が発生してプライマリリージョンにアクセスできなくなった場合は、フェールオーバーによってセカンダリリージョンのデータに対する書き込みが可能となります。

● GRSとRA-GRSの違い

平常時にアクセス可能	平常時はアクセス不可		平常時にアクセス可能	平常時でも読み取りアクセス可能
プライマリリージョン	**セカンダリリージョン**		**プライマリリージョン**	**セカンダリリージョン**
GRS の場合			RA-GRS の場合	

目的のデータを抽出して結果をグラフ化するなどの用途であれば、RA-GRSにすることでセカンダリリージョンも使用できるので、平常時のアクセスに対する負荷を分散させる効果が期待できます。

geoゾーン冗長ストレージ（GZRS）

　geoゾーン冗長ストレージ（GZRS）は、ZRSとGRSを組み合わせたようなオプションです。まず、ZRSと同様に、選択したリージョンの3つの可用性ゾーン間でデータが書き込みと同時にコピーされて3つ保持されます。

　その後、GRSと同様に、ペアとなるセカンダリリージョンの1つの物理的な場所にデータがコピーされ、さらにセカンダリリージョン内でコピーされて3つ保持されます。つまり、結果的に6つのディスクで同じデータが保持されます。このオプションでは、年間99.99999999999999%（シックスティーンナイン）以上の持続性が提供されます。

● GZRSのイメージ

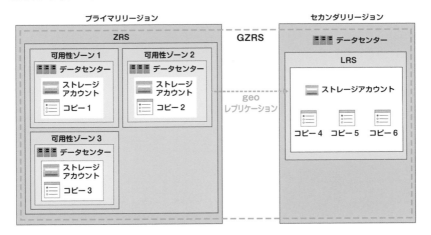

　GZRSを選択すると、プライマリリージョンの特定の可用性ゾーンが使用できなくなった場合でも、別の可用性ゾーンのデータセンター上にコピーされたデータを引き続き使用することができます。さらに、プライマリリージョン全体に影響する障害が発生した場合でも、セカンダリリージョン内で保持されているデータを使用できます。GRSとGZRSの違いは、プライマリリージョンでのデータのレプリケーション方法です。どちらのオプションを使用した場合でも、セカンダリリージョンではLRSによってデータは同時に3つにコピーされます。

6 日目

1 ストレージの基礎知識

読み取りアクセスgeoゾーン冗長ストレージ (RA-GZRS)

GZRSでも、必要に応じて、セカンダリリージョンに対する読み取りアクセス
を構成できます。セカンダリリージョンに対する読み取りアクセスを構成した場合
は、通常のGZRSと区別するために「読み取りアクセスgeoゾーン冗長ストレー
ジ (RA-GZRS)」と呼ばれます。

GZRSとRA-GZRSの違いは、GRSとRA-GRSの違いと同様です。GZRSで
は平常時にセカンダリリージョンにアクセスすることはできず、実際に障害が発生
してプライマリリージョンにアクセスできなくなった場合に利用者またはマイクロ
ソフトがフェールオーバーと呼ばれるプロセスを実行すると、セカンダリリージョ
ンへのアクセスが可能になります。

一方、RA-GZRSとして構成した場合は、平常時からプライマリリージョンと
セカンダリリージョンの両方へのアクセスが可能です。ただし、両方に書き込みが
できると競合の問題が起きるため、平常時のセカンダリリージョンのデータは「読
み取り専用」となります。障害が発生してプライマリリージョンにアクセスできな
くなった場合は、フェールオーバーによってセカンダリリージョンのデータに対す
る書き込みが可能となります。

● GZRSとRA-GZRSの違い

レプリケーションオプションのまとめ

各レプリケーションオプションについてまとめると、次の表のとおりとなりま
す。

● レプリケーションオプションのまとめ

	LRS	ZRS	GRS RA-GRS	GZRS RA-GZRS
年間でのオブジェクトの持続性	99.9999 99999% （イレブンナイン）以上	99.9999 999999% （トゥエルブナイン）以上	99.9999 999999 9999% （シックスティーンナイン）以上	99.9999 999999 9999% （シックスティーンナイン）以上
保持されるデータコピー数	1つのリージョンに3つ	1つのリージョンの個別の可用性ゾーン間で3つ	プライマリリージョンでLRSとして3つ、セカンダリリージョンでLRSとして3つ（合計6つ）	プライマリリージョンでZRSとして3つ、セカンダリリージョンでLRSとして3つ（合計6つ）
データセンター内の特定のノード障害時にデータにアクセス可能か	はい	はい	はい	はい
データセンター全体（ゾーンまたは非ゾーン）の障害時にデータにアクセス可能か	いいえ	はい	はい（要フェールオーバー）	はい
プライマリリージョン全体の障害時にデータにアクセス可能か	いいえ	いいえ	はい（要フェールオーバー）	はい（要フェールオーバー）
平常時にセカンダリリージョンへの読み取りアクセスが可能か	いいえ	いいえ	はい（RA-GRS使用時）	はい（RA-GZRS使用時）

6
日目

1 ストレージの基礎知識

試験にトライ!

Q あなたは、Azure上に共有フォルダーを作成し、その共有フォルダーを
ローカルコンピューターにマウントして使用したいと考えています。使
用するべきストレージサービスとして最も適切なものはどれですか。

A. Azure Files
B. Azure Blob Storage
C. Azure Table Storage
D. Azure SQL Database

A Azure上に共有フォルダーを作成するには、Azure Filesのストレージ
サービスを使用します。作成した共有フォルダーはインターネットを介
してアクセス可能であり、オンプレミスの環境で使用する共有フォルダーと同
じようにマウントして使用できます。
Azure Blob StorageとAzure Table Storageはストレージサービスではあ
りますが、共有フォルダーを作成することはできません。また、Azure SQL
Databaseはストレージサービスではなく、データベースサービスの1つです。

正解　**A**

2 データベースの基礎知識

- [ ] 構造化データと非構造化データ
- [ ] データベースを使う利点
- [ ] データベース管理システム
- [ ] Azureにおけるデータベースの実装方法
- [ ] データベースサービス

2-1 データベース

POINT!

- ・データには2つの分類がある
- ・構造化データはデータベースで管理する
- ・世の中には様々なデータベース管理システムがある

データの分類

　コンピューターが扱うデータには、様々なものがあります。皆さんの身の回りには、どのようなデータがありますか？　日常生活に身近なデータの例としては、ドキュメント、メール、画像、動画、音楽などが挙げられるでしょう。さらに、企業などの組織で用いられるデータの例を挙げると、売上情報や顧客情報、社員情報などもあるでしょう。

●様々なデータ

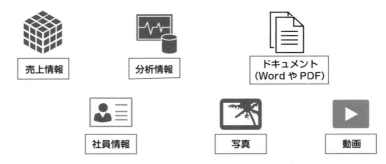

上記に挙げたものは、世の中で使用されるデータのほんの一部の例に過ぎず、ほかにも多種多様なデータが存在します。これらはすべて「データ」ではありますが、整理すると次の2つに分類することができます。

● 構造化データ

定義された特定の構造となるように整形されたデータのことです。わかりやすく言えば、表（テーブル）形式で管理できるデータと考えるとよいでしょう。

先程の例に挙げたデータでは、「売上情報」や「社員情報」は構造化データに該当します。例えば売上情報であれば、「日付」、「商品名」、「金額」などの特定の項目を列として用意すれば、その表でデータを管理できるでしょう。

● 非構造化データ

構造化されていないすべてのデータです。構造がまったく決まっていないため、表形式での管理には向いていません。先程の例に挙げたデータでは、「画像」や「動画」などが非構造化データに該当します。

例えば、複数の画像データがあるとして、これらのデータを表形式で管理しようと思っても整形するのは難しいですよね？　このようなデータは非構造化データと呼ばれます。

●分類されたデータ

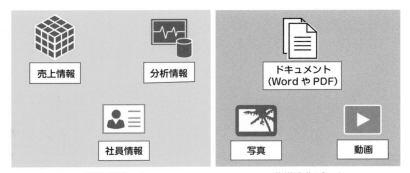

構造化データ　　　　　　　　　　非構造化データ

参考

本書では2つの分類について説明していますが、他の書籍や組織によっては2つの分類の中間である「半構造化データ」について扱っている場合があります。半構造化データは、そのままでは表形式で管理するのは難しいが、少し整形してあげれば表形式での管理が可能なものです。半構造化データの代表的な例としては、JSON形式やXML形式のデータです。

データの蓄積とファイルの問題点

　データには2つの分類があることを説明しましたが、このうち「非構造化データ」の蓄積に適しているのが、1-1節で学習したAzure Blob StorageやAzure Filesです。例えば、Azure Blob Storageにはどんなファイルでも保存できるため、画像や動画などの非構造化データを蓄積できます。また、Azure Filesではファイル共有を作成できるため、通常の共有フォルダーと同じようにファイルを蓄積して、他のユーザーと共有できます。

　それでは、「構造化データ」を蓄積するには何が適しているのでしょうか？　もちろん、Azure Blob Storageなどにファイルとして蓄積すること自体は可能です。ただし、「構造化データ」は一定の規則および構造を持ち、なおかつ大量のデータの数となることが考えられます。そのため、これらのデータをファイルとして扱うと

6日目 2 データベースの基礎知識

様々な問題が生じやすくなります。例えば、次のような問題です。

①アプリケーション依存

　ファイルとして扱うと、その形式や使用方法はアプリケーションに依存してしまいます。例えば、データの区切りを「カンマ」とするか「半角スペース」とするか、複数のユーザーによる同時使用ができるか、などです。この問題により、他のアプリケーションからは利用できなかったり、利用できたとしてもデータの処理効率が悪化する可能性があります。

②データの重複

　アプリケーション依存の問題により、アプリケーションごとにファイルを用意しなければならないため、データの重複も起きやすくなります。例えば、売上管理アプリケーション用と顧客管理アプリケーションを利用する場合、顧客名などのデータの登録が両方に必要になります。

③データの矛盾

　データ重複の問題により、データの更新漏れも起きやすくなります。例えば、顧客の連絡先が変更された場合は、売上管理アプリケーションと顧客管理アプリケーションの両方で、データの更新や変更をおこなわなくてはなりません。そのため、全体のデータの一貫性を保つことが難しく、その更新作業自体も二度手間であると言えます。

● ファイルとして蓄積する場合の問題点

売上管理
アプリケーション

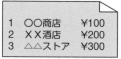

1	○○商店	¥100
2	××酒店	¥200
3	△△ストア	¥300

顧客管理
アプリケーション

```
1, ○○商店 , 03-XXXX…
2, ××酒店 , 03-XXXX…
3, △△ストア , 06-XXXX…
```

　・ファイルの形式や使用方法がアプリケーションに依存してしまう
　・アプリケーション依存に起因して、データの重複や矛盾も起きやすくなる

　ファイルとして蓄積すると上記のような問題が起きやすくなるため、「構造化デー
タ」の蓄積にファイルは適していません。つまり、「構造化データ」は単純に格納す
るだけではなく、アプリケーションに依存せずに利用でき、用途に応じてデータの
加工や再利用がしやすいように整理された状態での蓄積が重要になってきます。そ
のために役立つのが、データベースです。

■ データベースとは

　データベースとは、平たく言えば「整理されたデータの集まり」です。ただの
データの集まりではなく、アプリケーションからは切り離され、様々なシステムか
ら一元的に利用できるように整理された状態のデータの集まりと言えます。データ
ベースによるデータ管理方法には様々なモデルが存在しますが、最もポピュラーな
データモデルである「**リレーショナル型データモデル**」では、二次元の表を用いて
データ構造を表現します。また、例えば「社員表の"部門番号"列は、部門表の"部
門番号"列を参照する」のように、表と表の間に「関係」を持たせることができま
す。これにより、各情報を分離して管理することでデータの重複や矛盾を抑えつつ、
必要に応じて複数の表を結合した情報として出力することもできます。

●データベースの内部イメージ

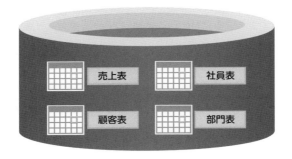

　データベースは、データとアプリケーションを切り離し、データの一元的な管理
を可能とします。ただし、データベースの実体は「データの集まり」に過ぎません。
そのため、そのデータの集まりをデータベースとして機能させるには、**データベー**

ス管理システム（DBMS：DataBase Management System）と呼ばれるソフトウェアが必要です。データベース管理システムはデータベースを制御するためのソフトウェアであり、データベースを効率良く安全に操作するための機能を持っています。つまり、アプリケーションはデータベースを直接操作するのではなく、データベース管理システムを通してデータベースにアクセスします。

●データベースを用いたシステム

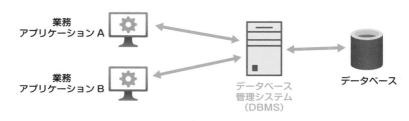

　言い方を変えれば、アプリケーションはデータベース管理システムとのやり取りの仕方さえ知っていればよいため、そのデータが具体的にどこに格納されているかは意識する必要がありません。これらの関係は、図書館を利用するときと同じように考えるとよいでしょう。

　データベースは「図書館における書棚」であり、アプリケーションは「図書館の利用者」です。そして、データベース管理システムは「図書館司書」に相当します。つまり、図書館司書に本の貸し出しを依頼（問合せ）すれば、書棚の中から該当する本（データ）を探し出してくれます。

　オンプレミスの環境で使用されているデータベース管理システムには、商用やオープンソースなど様々な種類があります。代表的なデータベース管理システムには次のようなものがあります。

- Microsoft SQL Server（マイクロソフト社）
- Oracle Database（オラクル社）
- MySQL（オープンソース）
- PostgreSQL（オープンソース）
　　ポストグレスキューエル

　これらは、リレーショナル型データモデルのデータベース管理システムであるため、一般的に**RDBMS**（Relational DataBase Management System）とも呼ばれます。これらのRDBMSでは、標準化されたデータベース言語として**SQL**（Structured Query Language）と呼ばれる言語が使用できます。つまり、アプリケーションとデータベース管理システムとの会話に使用されるのがSQL言語であり、データベースから特定のデータを取り出すための問合せなどを対話的におこなえます。

本書ではRDBMSの製品の例を挙げていますが、RDBMS以外のデータベース管理システムもあります。それらはNoSQL（Not Only SQL）データベースとも呼ばれ、半構造化データの蓄積のために使用されるMongoDB（モンゴデービー）やCassandra（カサンドラ）などがあります。

6
日目

2 データベースの基礎知識

2-2 データベースサービス

> **POINT!**
> ・Azureにおけるデータベースの実装には、仮想マシンサービスによる方法とデータベースサービスによる方法がある
> ・データベースサービスによる実装は、インストールや保守はマイクロソフトによっておこなわれるため、利用者の管理負荷が低い
> ・データベースサービスには、SQL DatabaseやSQL Managed Instanceなどがある

■ Azureにおけるデータベースの実装

　オンプレミスの環境でデータベースを使用するには、組織が保有するサーバーにデータベース管理システムをインストールします。例えば、Windows ServerにMicrosoft SQL Serverをインストールし、アプリケーションデータの格納庫として使用します。ショップにたとえれば、アプリケーションは売場、データベースは商品をストックする棚のようなものです。サービスを運用するためには、アプリケーションやストレージと同様に、データベースも高い可用性を維持する必要があります。また、売上情報や顧客情報などのような機密性の高いデータが格納されているため、セキュリティにも考慮して運用しなくてはなりません。

　Azureには、クラウド上でデータベースを使うためのサービスが用意されています。Azureにおけるデータベースの実装には、次の2つの方法があります。

● 仮想マシンサービスによる実装 (IaaS)

　　仮想マシンにデータベース管理システムをインストールして使用する方法です。仮想マシンで使用するOSやデータベース管理システムおよびそのバージョンを自由に選択できるというメリットがあります。ただし、オンプレミスの環境にデータベース管理システムを導入する場合と同様に、インストー

ルや運用管理、セキュリティ対策などは利用者自身でおこなう必要があります。つまり、もう1つのアプローチである「データベースサービスによる実装」と比較すると、利用者の管理負荷は高いと言えます。

● データベースサービスによる実装（PaaS）

マイクロソフトおよびAzureの責任のもとで管理や保守などがおこなわれるデータベースサービスを利用する方法です。Azureには、PaaSのサービスモデルとして提供される「SQL Database」などのサービスがあります。データベースサービスを用いた実装では、データベース管理システムのインストールや保守などを自分達でおこなう必要がありません。そのため、オンプレミス環境への導入や「仮想マシンサービスによる実装」と比較して、利用者の管理負荷を軽減できます。

● 2つの実装方法の違い

実装に使用するサービス	仮想マシンサービス	データベースサービス
インストールや保守などの運用管理	利用者自身でおこなう	マイクロソフトによっておこなわれる
利点	自由度が高い	管理負荷が低い
利用シナリオ	OSやDBMSの完全な制御を必要とするシナリオ	OSやDBMSの完全な制御は不要でクラウドネイティブなシナリオ

注意
世の中のすべてのデータベース管理システムがAzureデータベースサービスに用意されているわけではないことに注意してください。例えば、本書の執筆時点では、Oracle Databaseに対応するAzureデータベースサービスはありません。そのため、Oracle DatabaseをAzure上で動かしたい場合には、仮想マシンにインストールして使用する必要があります。

6日目

■ 主なデータベースサービス

　ひと言でデータベースといっても様々な用途があり、すべての用途に対応できる完璧なデータベースというものはありません。データベース管理システムも、用途などに応じて使い分ける必要があります。

　このことはオンプレミスにおいてもAzureにおいても同様です。つまり、Azureには複数のデータベースサービスが用意されていますが、その用途や使用したいデータベースエンジンに合わせて適したものを選択して使用します。Azureには、主に次のようなデータベースサービスがあります。いずれもマネージドサービスとして提供されるため、内部的なインスタンス（仮想マシン）の管理やバックアップなどの保守はマイクロソフトによっておこなわれます。さらに、可用性を高める機能なども組み込まれています。

 本書では説明をわかりやすくするために「インスタンス」と「仮想マシン」を同義語として扱っています。厳密には、インスタンスは仮想マシンにインストールされたデータベースエンジンの実行単位です。

● Azure SQL Database

　Microsoft SQL Server（以下、SQL Server）のデータベースを提供するサービスです。データベースは、常に最新かつ安定したバージョンのSQL Serverデータベースエンジンおよびパッチが適用されたOS上で実行されます。インスタンスは実際にはAzureデータセンター内の仮想マシンとして実行されていますが、利用者はそれを意識することなく、仮想マシン上で動作するSQL Serverのデータベース機能を利用できます。

　仮想マシンでサイズを選択するのと同じように、データベースの構成時にはハードウェア構成についての選択をおこない、データベースとしての性能を決めます。また、データベースの構成時に選択するサービスレベル（価格モデル）によって、可用性を維持するために使用される仕組みが異なります。例えば、「ビジネスに不可欠（Business Critical）」のサービスレベル

を選択した場合は、Always On可用性グループという仕組みによって可用性を維持できます。さらに、可用性ゾーンも併用することにより、最大で99.995%の可用性が提供されます。

● Azure SQL Databaseの作成

● Azure SQL Managed Instance

Azure SQL DatabaseはSQL Serverのデータベースを提供するのに対し、Azure SQL Managed InstanceはSQL Serverのインスタンスを丸ごと提供します。つまり、自組織専用のSQL Serverを実行するインスタンスをマネージドサービスとして提供するため、仮想マシンと同様に仮想ネットワークに接続したり、1つのインスタンス上で複数のデータベースを動かして、データベースをまたがった問合せを実行することも可能です。

また、Azure SQL Managed Instanceには、オンプレミスで使用されるSQL Serverと100%に近い互換性が備わっているという特徴があります。SQL Serverのほぼすべての機能がオンプレミス環境と同じように使用できるため、オンプレミス環境で使用していたSQL Serverの移行先として

適しています。

● Azure SQL DatabaseとAzure SQL Managed Instance

サービス	Azure SQL Database	Azure SQL Managed Instance
リソース	データベース	インスタンス
可用性	最大99.995%	最大99.99%
特徴	最新のクラウドアプリケーションや新規開発するアプリケーションに適している	SQL Serverと100%に近い互換性があるため、オンプレミスのSQL Serverの移行先として最適

● Azure Database for PostgreSQL

　オープンソースのデータベース管理システムであるPostgreSQLのデータベースを提供するサービスです。Azure SQL Databaseと同様に、修正プログラムの適用やバックアップ、高可用性などはマイクロソフトによっておこなわれます。データベースの構成時にはハードウェア構成についての選択をおこない、データベースとしての性能を決定します。使用するPostgreSQLのバージョンは、データベースの構成時に選択できます。

● Azure Database for MySQL

　オープンソースのデータベース管理システムであるMySQLのデータベースを提供するサービスです。Azure SQL DatabaseやAzure Database for PostgreSQLと同様に、修正プログラムの適用やバックアップ、高可用性などはマイクロソフトによっておこなわれるため、最小限のユーザー構成のみで使用できます。使用するMySQLのバージョンは、データベースの構成時に選択できます。

● Azureの主なデータベースサービス

名称	説明
Azure SQL Database	SQL Serverのデータベースを提供するマネージドサービス
Azure SQL Managed Instance	SQL Serverのインスタンスを丸ごとマネージドで提供するサービス
Azure Database for PostgreSQL	PostgreSQLのデータベースを提供するマネージドサービス
Azure Database for MySQL	MySQLのデータベースを提供するマネージドサービス
Azure Database for MariaDB	MariaDB（MySQLから派生したオープンソースのRDBMS）のデータベースを提供するマネージドサービス
Azure Cosmos DB	NoSQLデータベースを提供するマネージドサービス
Azure Cache for Redis	インメモリデータベースを提供するマネージドサービス

本書では代表的なデータベースサービスを扱いましたが、そのほかにも様々なデータベースサービスがあります。Azureのデータベースサービスの一覧やその詳細については以下のWebサイトを参照してください。
https://azure.microsoft.com/ja-jp/products/category/databases

Azure SQL DatabaseとAzure SQL Managed Instanceの機能比較の詳細については以下のWebサイトを参照してください。
https://learn.microsoft.com/ja-jp/azure/azure-sql/database/features-comparison?view=azuresql

6
日目

2
データベースの基礎知識

6日目のおさらい

問　題

Q1 Azureで提供されているストレージサービスのうち、大量の非構造化データを格納するために最適化され、何でも保存できるストレージを提供するものはどれですか。

A. Azure Queue Storage
B. Azure Files
C. Azure Table Storage
D. Azure Blob Storage

Q2 Azure Filesを利用するために最初に作成する必要があるリソースとして適切なものはどれですか。

A. 仮想ネットワーク
B. Recovery Servicesコンテナー
C. ストレージアカウント
D. 仮想マシン

Q3 ストレージアカウントの種類に関する説明として適切ではないものは
どれですか。

A. Premiumファイル共有は、Azure Filesのみ使用できる
B. Standardは磁気ドライブ（HDD）を基盤としているため、容量
当たりのコストが安い
C. ストレージアカウントの種類は後から変更できる
D. Standard汎用v2は、Azure Blob Storageのサービスを使用
できる

Q4 レプリケーションオプションに関する説明のうち、次の特徴を持つも
のはどれですか。

・最も安価な選択肢
・1つのデータセンター内で、データが3つのディスクにほぼ同時に
コピーされる

A. ローカル冗長ストレージ（LRS）
B. ゾーン冗長ストレージ（ZRS）
C. geo冗長ストレージ（GRS）
D. geoゾーン冗長ストレージ（GZRS）

Q5

レプリケーションオプションのうち、平常時におけるセカンダリリージョンへの読み取りアクセスを構成できるものはどれですか (2つ選択)。

A. ローカル冗長ストレージ (LRS)
B. ゾーン冗長ストレージ (ZRS)
C. geo冗長ストレージ (GRS)
D. geoゾーン冗長ストレージ (GZRS)

Q6

構造化データをアプリケーションに依存せずに利用できるように、用途に応じてデータの加工や再利用がしやすいように整理された状態で蓄積するために役立つものはどれですか。

A. 仮想マシン
B. ファイル
C. データベース
D. アプリケーション

Q7

Azureで提供されているマネージドデータベースサービスとして適切なものはどれですか (3つ選択)。

A. SQL Database
B. Database for PostgreSQL
C. Database for Oracle
D. Database for MySQL

Azureにおけるデータベースの実装方法に関する説明として適切ではないものはどれですか。

A. 仮想マシンサービスによる実装と、データベースサービスによる実装がある

B. 仮想マシンサービスによる実装では、OSやデータベース管理システムを完全に制御できる

C. データベースサービスによる実装では、インストールや保守はマイクロソフトによっておこなわれる

D. 仮想マシンサービスによる実装の利点は管理負荷が低いことである

 SQL DatabaseとSQL Managed Instanceの違いに関する説明として適切ではないものはどれですか。

A. SQL Managed Instanceは、SQL Serverのインスタンスを丸ごと提供する

B. SQL Databaseは、オンプレミスのSQL Serverと100%に近い互換性がある

C. SQL Databaseは、最大で99.995%の可用性が提供される

D. SQL Managed Instanceでは、仮想マシンと同様に仮想ネットワークに接続できる

解 答

A1 D

Azure Blob Storageは、テキストデータやバイナリデータなどの大量の非構造化データを格納するために最適化されています。4種類のストレージサービスの中で、最もポピュラーなサービスです。

➡ P.227、P.228

A2 C

Azure Filesに限らず、Azureのストレージサービスを利用するためには、最初にストレージアカウントというリソースを作成する必要があります。ストレージアカウントを作成すると、ストレージアカウントの管理画面内に表示されるメニューから各種サービスを利用できます。

➡ P.229、P.230

A3 C

ストレージアカウントの種類は、作成時にのみ選択可能であり、後から変更することはできません。そのため、切り替える場合には新しくストレージアカウントを作成する必要があります。

➡ P.231、P.232

A4 A

ローカル冗長ストレージ（LRS）は、レプリケーションオプションのうち最も安価な選択肢です。選択したリージョンの1つのデータセンター内で、データが3つのディスクにほぼ同時にコピーされます。

➡ P.235、P.236、P.237、P.239

A5 C、D

geo冗長ストレージ (GRS) とgeoゾーン冗長ストレージ (GZRS) で
は、オプションとしてセカンダリリージョンに対する読み取りアクセ
スを構成できます。セカンダリリージョンに対する読み取りアクセス
を構成しない場合は、平常時はセカンダリリージョンへのアクセスは
できず、フェールオーバーと呼ばれるプロセスの実行後に初めてセカ
ンダリリージョンへのアクセスが可能になります。

➡ P.238、P.240

A6 C

大量の構造化データの蓄積にはデータベースが役立ちます。データベー
スを用いれば、アプリケーションとデータを切り離し、様々なシステ
ムから一元的に利用できるように整理された状態でデータを蓄積でき
ます。

➡ P.245、P.246、P.247

A7 A、B、D

本書の執筆時点では、Database for Oracleというサービスはありま
せん。そのため、Oracle DatabaseをAzure上で動かしたい場合には、
仮想マシンにインストールして使用する必要があります。

➡ P.252、P.253、P.254、P.255

A8 D

仮想マシンサービスによる実装では、オンプレミスの環境にデータベース管理システムを導入する場合と同様に、インストールや運用管理、セキュリティ対策などは利用者自身でおこなう必要があります。そのため、データベースサービスによる実装に比べて自由度が高いという利点がありますが、管理負荷は高くなります。

➡ P.250、P.251

A9 B

SQL Managed Instanceには、SQL Serverと100%に近い互換性があります。そのため、オンプレミス環境で使用していたSQL Serverの移行先として適しています。

➡ P.252、P.253、P.254

7日目

1 コスト管理

- [ ] Azureのコスト
- [ ] 料金計算ツール
- [ ] コスト分析
- [ ] 予約
- [ ] ハイブリッド特典

1-1 Azureのコストの考え方

POINT!
- ・Azureは従量課金である
- ・仮想マシンは実行時間に応じてコストが発生する
- ・ディスクは存在している限りコストが発生する
- ・ネットワークはアウトバウンド通信量に応じてコストが発生する
- ・料金計算ツールによってコストシミュレーションができる

■ 従量課金

Azureでは、仮想マシンやストレージなどの様々なリソースを作成して使用できます。ただし、1日目にも説明したように、Azureは「従量課金」のクラウドサービスです。

従量課金とは、簡単に言えば「使った分だけコストが発生する」という課金方式です。この課金方式の考え方は、電気料金や水道料金などの支払いや、スマートフォンの従量制プランの契約などをイメージするとよいでしょう。たとえば、一般

的な電気料金では、電力会社によって「電気使用量1kWhにつきXXX円」というように単価が設定されており、電気料金はひと月の合計電力消費量と単価の掛け算で計算されます。スマートフォンの通信をおこなうための従量制プランの契約でも、使用したネットワーク通信量に応じて、その月の通信料金が決まります。

●従量課金のイメージ

電気料金　　　　　　水道料金　　　　　従量制プランの
　　　　　　　　　　　　　　　　　スマートフォンの通信料金

　これらと同じように、Azureのコストも毎月固定で発生するのではなく、作成したリソースを使用した分だけ発生します。例えば、仮想マシンなどのリソースを何も作成していなければコストはまったく発生しません。しかし、リソースを作成すればするほど、その使用量に応じてコストが発生します。

■ Azureの使用により発生するコスト

　Azureのコストは、使用したリソースの種類やデータ量、リージョンなどによって異なりますが、ここでは1つの例として、仮想マシンのサービスを利用した場合のコストについて説明します。Azure仮想マシンのサービスを利用するには、その仮想マシンを実行するコンピューティング環境（CPUやメモリなど）のほか、ストレージやネットワークも必要です。その3つの区分で発生するコストの合計が、仮想マシンのサービスを利用した場合にかかるコストとなります。

●仮想マシンを利用した場合の主なコスト

仮想マシンの実行時間　　　　　ディスクのデータ量　　　　ネットワークの送信データ量

 ＋ ＋

　　分単位　　　　　　　　　　ディスク容量と　　　　アウトバウンド通信のみ
　　　　　　　　　　　　　　トランザクション量

7
日目

1
コスト管理

● 仮想マシンに関するコスト

　仮想マシンを実行するためのコストは、使用するOSの種類やサイズの選択によって決まる単価と、実際の実行時間が掛け算されて決定します。Windows Serverの仮想マシンの場合には、CAL（クライアントアクセスライセンス）を含むWindowsのライセンスも単価に含まれています。仮想マシンを停止している間はコストが発生しないため、必要なときだけ起動し、使い終わったら停止すればコストを抑えることができます。なお、実行中の仮想マシンのコストは、分単位で計算されます。

● ディスクに関するコスト

　仮想マシンにインストールされたOSや、その仮想マシン内で作成・処理するデータは、ディスクに保存されます。ディスクのコストは種類と容量に基づいて計算されます。4日目に説明したようにディスクの種類にはいくつかの選択肢がありますが、Standard HDDよりもPremium SSDのほうが単価が高く、容量も大きいほど高く設定されています。なお、仮想マシンが停止していてもその仮想マシンで使用しているディスクは保持し続ける必要があるため、ディスクは存在している限りコストが発生します。

　また、Premium SSD以外の種類のディスクでは、トランザクションについても課金されます。トランザクションには、ディスクに対する読み取り、書き込み、削除などのすべての操作が含まれます。つまり、読み取りや書き込みなどの操作の回数に応じた課金もおこなわれるということです。

● ネットワークに関するコスト

　仮想マシンが受信するデータにはコストがかかりませんが、仮想マシンが送信するデータに対しては、データ量に応じてコストが発生します（ただし、同じ可用性ゾーン内は除きます）。つまり、仮想マシンから「外に出ていくデータ」が課金の対象になります。また、ネットワークのコストは、ゾーン（課金ゾーン）によっても異なります。ゾーンとは、課金のためにAzureリージョンを地域別にグループ化したもので、マイクロソフトによって決定されています。ゾーンには、ゾーン1、ゾーン2、ゾーン3がありますが、アジ

アおよび日本のリージョンはゾーン2に属しています。

> **注意** Azureの料金は常に一定ではなく、不定期に変更される場合があります。料金の最新情報や詳細については、以下のWebサイトを参照してください。
> https://azure.microsoft.com/ja-jp/pricing/

■ 料金計算ツール

　Azureで仮想マシンなどのリソースを作成するとコストが発生します。そのため、コスト意識を持ってAzureを利用することはもちろんですが、実際に作成する前にコストのシミュレーションをおこない、これから作成および使用するリソースにどれくらいのコストが発生するのかを確認しておくことが重要です。マイクロソフトでは、Azureの料金の概算を確認するために、**料金計算ツール**と呼ばれるWebサイトを用意しています。

7日目

1 コスト管理

●料金計算ツール

7日目

●料金計算ツール

```
https://azure.microsoft.com/ja-jp/pricing/calculator/
```

　料金計算ツールのWebサイトでは、Azureで使用するリソースの種類やそのパラメーターを指定すると、そのリソースにかかるコストの概算を表示できます。例えば、[仮想マシン]の製品を選択した場合には、リージョンやOS、インスタンス（サイズ）、仮想マシンの数や実行時間を指定すると、1か月当たりに発生する料金が表示されます。

　また、必要に応じて結果を保存したり、Excelスプレッドシートとしてエクスポートすることもできるため、シミュレーションの結果を組織内で簡単に共有できます。

●仮想マシンのコストシミュレーション

1-2 コストの確認および管理

POINT!

- 多額のコストの発生を防ぐには、定期的なコストの確認や分析などの管理が重要である
- Azureポータルには、コスト管理のためのメニューがある
- 全体で発生しているコストから詳細にドリルダウンして分析できる
- 想定以上の過大なコストの発生を防ぐためには、予算設定が役立つ

■ コスト管理の重要性

7
日目

①
コスト管理

Azureでは、Azureポータルなどから新しいリソースを簡単に作成することができます。しかし、作成したリソースにはコストが発生します。そのため、定期的に分析や監視をおこなわないと、いつの間にか多額のコストが発生していたという事態になりかねません。

個人的にAzureを契約して使用するのであれば、作成するリソースの数を自分自身が把握できる範囲にとどめ、自己責任で注意しながら使うことができるかもしれません。しかし、組織でAzureを使用する場合には、1つのサブスクリプションおよび環境を複数のユーザーで使用するため、個人での使用時に比べて全体を把握することは難しくなります。そのため、現在どれくらいのコストが発生しているのかを定期的に確認することは、とても重要です。また、多額のコストの発生にすぐに気付けるようにしたり、コストに上限を設定して、それ以上は使用できないようにすることも検討する必要があります。

● コスト管理を怠った場合のイメージ

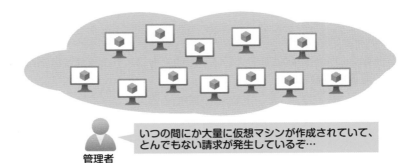

いつの間にか大量に仮想マシンが作成されていて、とんでもない請求が発生しているぞ…

管理者

　コストに関する管理タスクを実行するために、Azure ポータルには [**コストの管理と請求**] があります。[**コストの管理と請求**] はサービス一覧の [**全般**] のカテゴリ内にあり、コスト分析や予算設定をおこなう [**コスト管理**] メニューのほか、請求金額の確認や支払い情報の変更をおこなうメニューなどがあります。

● コストの管理と請求

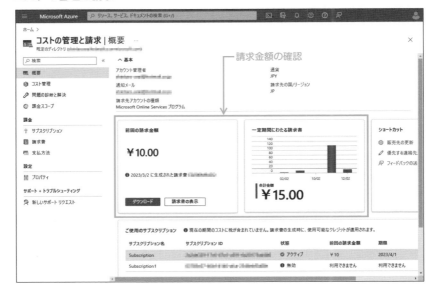

コストの確認および分析

現在発生しているコストの確認やその分析をおこなうには、[コスト管理] 内の [コスト分析] メニューを使用します。コスト分析では、[累積コスト] [1日あたりのコスト] [サービスごとのコスト] などの組み込みのビュー（分析結果の表示）があらかじめ用意されています。これらのビューを切り替えて、コストに関する情報を確認できます。既定では、[累積コスト] のビューが選択されており、今月に実際に発生しているコストの情報が表示されます。

● コスト分析のビューの切り替え

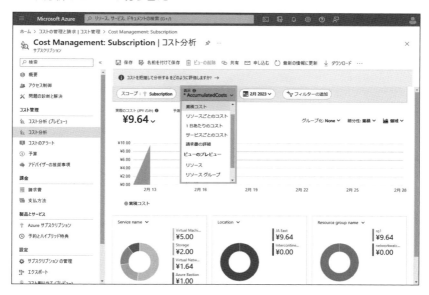

また、各ビューでは様々なフィルターを使用することもできます。フィルターには [Resource group name] や [タグ] などがあり、特定のリソースグループや特定のタグが付いたリソースに発生したコストの集計や推移を確認できます。

● フィルターを用いたコスト分析

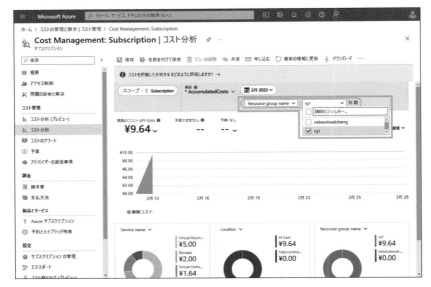

　このようにコストの確認や分析をおこなうことで、発生しているコストの全体像はもちろん、どのリソースにどれくらいのコストが発生しているかを個別に把握できます。さらに、長期的な観点では、一定期間の累積コストの傾向を把握することで、年単位でのコストの見積もりなどをおこなうことができます。つまり、Azureを計画的に使用するためにもコストの確認や分析は重要です。

試験では、フィルターを用いたコスト分析の方法について問われます。

累積コストのビュー画面の下部に表示される円グラフの項目を［タグ］などに変更することも可能です。

予算の設定

　Azureをはじめとしたクラウドサービスは使い放題というわけにはいかないため、予算を設定したいと考える組織もあります。想定以上の過大なコストの発生を防ぐために、Azureでは予算を設定することができます。予算の範囲でAzureを使用することで、過大なコストの発生を防ぐのと同時に、予算に対する現在のコストを把握できます。つまり、予算の設定は、今後の支払いの見通しを立てることにも役立ちます。

　予算を設定したい場合には、[コスト管理] 内にある [予算] のメニューで [追加]をクリックし、予算のスコープや評価期間、予算額などを指定します。

● 予算の作成

　予算を作成するときは、指定した予算の割合に達した場合の通知についても設定します。例えば、予算額の80%に達したときに、管理者のメールアドレス宛にア

ラートメールを送信する設定ができます。こうしておけば、管理者がその事態に気付いて、より多くのコストが発生しないように制限をかけたり、ユーザーに指示することができます。

● 通知の設定

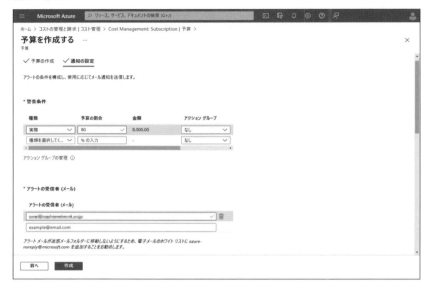

予算設定では、通知だけでなく、特定のアクションを実行することもできます。コストはリソースの実行や使用によって発生するため、あらかじめ決めておいた上限以上のコストが発生しないように仮想マシンを停止したい場合などに役立ちます。

1-3 コスト削減オプション

POINT!

・予約は、リソースを長期使用する場合に活用できるコスト削減オプションである
・Azure ハイブリッド特典は、ライセンス持ち込みによるコスト削減オプションである
・2つのコスト削減オプションの併用により、コストを最大80%節約できる

■ コスト削減オプション

Azureでは、基本的には各リソースの使用量に基づいてコストが発生します。ただ、なるべく費用対効果を高められるように、いくつかの**コスト削減オプション**が用意されています。組織のAzure環境や使用状況に応じてこれらのコスト削減オプションを活用することで、できるだけコストを抑えてAzureを使用することができます。

Azureには様々なコスト削減オプションがありますが、代表的なコスト削減オプションには次の2つがあります。

・予約
・Azureハイブリッド特典

なお、2つのコスト削減オプションは併用可能であり、併用することでコストを最大80%節約できます。

7
日目

1 コスト管理

● 仮想マシンに対するコスト削減のイメージ

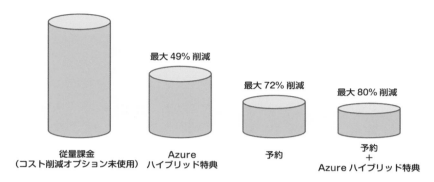

最大 49% 削減

最大 72% 削減

最大 80% 削減

従量課金
（コスト削減オプション未使用）

Azure
ハイブリッド特典

予約

予約
＋
Azure ハイブリッド特典

参考

コスト削減オプションの内容は変更される可能性があります。コスト削減オプションの最新情報や詳細については以下のWebサイトを参照してください。
https://azure.microsoft.com/ja-jp/pricing/offers/#cost

予約

　予約オプションは、1年または3年といった長期使用のためのコスト削減オプションです。例えば、特定の仮想マシンを長期的に使用することが決まっている場合には、予約を使用してサービス料金を前払いまたは月払いすることで、通常の従量課金制の料金に比べて大幅にコストを削減できます。仮想マシンのほか、Azure SQL DatabaseやAzure Blob Storageなどのサービスでも、予約を利用してリソース料金に対する割引を受けることができます。予約によって、これらのリソースの使用および実行にかかるコストを最大72%削減できます。

　予約を利用するには、Azureポータルのサービス一覧の [**全般**] のカテゴリ内にある [**予約**] のメニューで [**追加**] をクリックし、予約する製品およびサービスを選択します。予約の購入後は、該当するリソースに割引が自動的に適用されます。

● 予約の購入

Azure ハイブリッド特典

Azure ハイブリッド特典オプションは、ソフトウェアアシュアランス（SA）を購入している組織向けのコスト削減オプションです。ソフトウェアアシュアランスとは、マイクロソフトがボリュームライセンスの利用者向けにオプションとして提供している、アップグレードや各種サポートなどの様々な特典が受けられるサービスのことです。

　組織で所有しているライセンスを Azure へ持ち込む Azure ハイブリッド特典によって、Azure リソースにかかるコストを抑えることができます。例えば、Windows Server の仮想マシンの通常の価格は、Windows のライセンスを含めた料金が設定されています。Windows Server 向け Azure ハイブリッド特典を利用すると、オンプレミスのソフトウェアアシュアランス付き Windows Server ライセンスを使用して Azure で Windows Server の仮想マシンを実行することができ、コストを最大 49% 削減できます。Windows Server 向け Azure ハイブリッ

7
日目

1

コスト管理

ド特典を利用する場合は、仮想マシンの作成でWindows Serverイメージを選択後にAzureハイブリッド特典を使用するように設定します。

● 仮想マシン作成時のAzureハイブリッド特典の使用

Azureハイブリッド特典は、Windows Serverの仮想マシンのほか、ソフトウェアアシュアランス付きSQL Serverのライセンスを所有している場合にも利用できます。この場合は、SQL Serverの仮想マシンや、PaaSのサービスであるAzure SQL DatabaseやAzure SQL Managed Instanceに適用できます。

試験では、事例に即して使用すべきコスト削減オプションについて問われます。

試験にトライ！

Q あなたは、Azure上に仮想マシンを作成します。この仮想マシンは長期にわたって実行したいと考えており、コストをできる限り抑えたいと考えています。使用すべきコスト削減オプションとして適切なものはどれですか。

A. タグ

B. 予約

C. 予算

D. サブスクリプション

・・・

A 長期にわたって使用するリソースにかかるコストをできる限り抑えるには、予約が役立ちます。予約を利用すると、リソース料金に対する割引を受けることができ、リソースの使用および実行にかかるコストを最大72％削減できます。

タグは、リソースの管理性の向上やコスト集計のための付随情報です。予算は、想定以上の過大なコストの発生を防ぐための設定です。サブスクリプションは、Azureを利用するために必要な契約です。いずれも、コスト削減オプションではありません。

| 正解 | **B**

7日目

1 コスト管理

2 SLAとライフサイクル

- [ ] SLA
- [ ] サービスクレジット
- [ ] サポートリクエスト
- [ ] ライフサイクル
- [ ] プレビューと一般提供

2-1 SLA

POINT!

- ・Azureの稼働時間と接続性はSLAで定義されている
- ・SLAの内容はサービスやリソースの構成によって異なり、記載された保証を満たせなかった場合は、料金の一部または全部の払い戻しを受けることができる
- ・料金の払い戻しを受けるには、サポートリクエストを送信する必要がある

■ サービスレベル契約

　1日目にも学習したように、Azureはマイクロソフトによって提供されるパブリッククラウドサービスの1つであり、サービスはマイクロソフトが世界各地に展開しているデータセンターから提供されています。また、そのデータセンターは高品質であり、高い可用性が維持されるようにマイクロソフトによって管理および運用されています。そのため、利用者はほとんどの時間帯でAzureのサービスを利用でき、リソースを作成して実行できます。

　しかし、データセンター内での障害などにより、サービスが利用できない時間帯が発生する可能性はゼロではありません。もし、業務で使用するシステムをAzureのリソースとして稼働している場合には、Azureを利用できない時間帯があると業務に支障をきたしてしまう恐れがあります。クラウドサービスの性質上、すべての時間帯においてサービスが利用できることを100%保証するのは難しいことですが、その責任の所在や保証が明確になっていないと利用者は不安でしょう。そこでマイクロソフトでは、利用者が安心してAzureを利用できるように、一定時間以上のAzureのサービス稼働とサービスへの接続に関する保証を契約の中に盛り込んでいます。このようなサービス稼働とサービスへの接続に関する取り決めを**サービスレベル契約（SLA：Service Level Agreement）**と呼びます。

● サービスレベル契約のイメージ

サービスレベル契約 (SLA)
・サービスの内容および範囲
　XXXXXXXX
・サービスの品質水準
　XXXXXXXX
・保証を満たせなかった場合の対応
　XXXXXXXX

責任の所在や保証が明確で安心！

プロバイダーの選定の目安にも使える！

利用者

　SLAは、Azure独自の用語ではなく、様々なクラウドサービスや通信サービスなどでも使用されます。SLAには数値化されたサービスの保証内容などが明記されているため、サービスの性能や機能を事前に把握したり、クラウドサービスを提供するサービス事業者（プロバイダー）の選定の目安としても使用されます。SLAには一般的に、次のような内容が含まれています。

● サービスの内容および範囲

　プロバイダーによって提供されるサービスの内容や範囲です。プロバイダーと利用者の役割や責任分担なども含まれる場合があります。

● サービスの品質水準

　プロバイダーによって提供されるサービスの可用性（稼働率）やパフォー

マンス、サービス停止時間、月間ダウンタイムなどです。

● 保証を満たせなかった場合の対応

　例えば、SLAに明記された内容よりも多くのダウンタイムが発生してしまった場合の保証内容などです。代表的なものに、サービスの利用料の減額や返金が挙げられます。

■ AzureのSLA

　AzureのSLAについては、マイクロソフトのWebサイトで公開されています。「Service Level Agreements (SLA) for Online Services」というWebサイトでは、Azureをはじめとする様々なオンラインサービスに関するSLAをドキュメントとして参照できます。

● Service Level Agreements (SLA) for Online Services

```
https://www.microsoft.com/licensing/docs/view/Service-Level-
Agreements-SLA-for-Online-Services
```

● Service Level Agreements (SLA) for Online Services

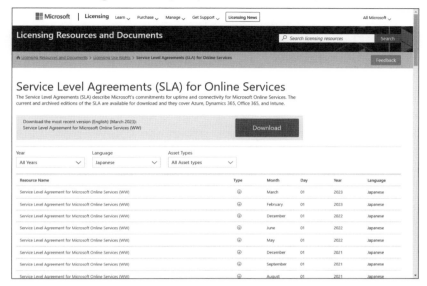

SLAでは、Azureの稼働時間と接続性が定義されていますが、その内容や具体的な数値はサービスごとに異なります。例えば、「仮想マシン」、「ストレージアカウント」、「SQL Database」のように、サービスごとにSLAが明記されています。

また、1つのサービス内でも、そのリソースの構成方法によって保証される内容が異なります。例えば、「仮想マシン」については可用性オプション（可用性ゾーンまたは可用性セット）を構成しているかどうかによって内容が異なり、同じリージョン内の2つ以上の可用性ゾーンにわたってデプロイされた仮想マシンを使用している場合には99.99%の月間稼働率が保証されています。しかし、Azureの障害によって月間稼働率の保証を満たせなかった場合には、その稼働率の数値に応じてサービスクレジットの割合が異なります。**サービスクレジット**とは、返金要求の申し立てによって利用者に返金される金額の割合です。

●2つ以上の可用性ゾーンにデプロイされた仮想マシンのサービスクレジット

月間稼働率	サービスクレジット
99.99% 未満	10%
99% 未満	25%
95% 未満	100%

●仮想マシンのSLA

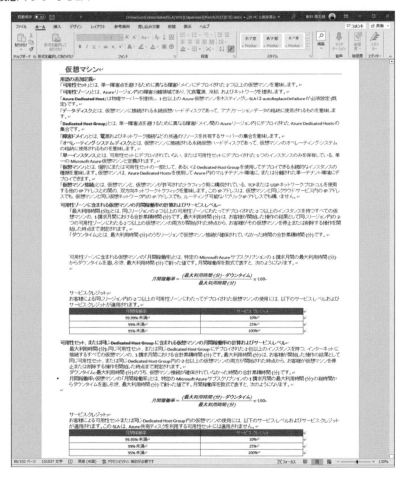

**SLAの内容や具体的な数値は、サービスやリソースの構成方法
によって異なることに注意してください。**

注意　本書では執筆時点の情報に沿って記載していますが、SLAの内
容は不定期に更新される可能性があります。そのため、前述した
Webサイトで最新のSLAの内容を確認するようにしてください。

返金の要求

Azure の SLA では、保証されている月間稼働率を満たせなかった場合のために、稼働率に応じたサービスクレジットが明記されています。そのため、稼働率の数値に応じて、サービス利用料の一部または全部の返金要求をおこなうことが可能です。ただし、返金要求は利用者が自分でおこなう必要があるということに注意しなければなりません。マイクロソフトがSLA違反の有無をチェックして自動的に返金をしてくれるわけではないので、SLA違反があったとしても、利用者が要求しない限り返金されません。

返金の要求をマイクロソフトに送信するには、サポートリクエストの作成および送信が必要です。Azure ポータルでは、サービス一覧の [全般] のカテゴリ内にある [ヘルプとサポート] のメニューからサポートリクエストの作成および送信ができます。[新しいサポートリクエスト] の画面では、[問題の種類] のリストから [課金] を選択後に [返金の要求] を選択し、問題が発生した日付や払戻額などの詳細情報を入力します。作成されたサポートリクエストはマイクロソフトに送信されるため、マイクロソフトによってその内容が確認され、要求が承認されると払い戻しがおこなわれます。

7日目

2 SLAとライフサイクル

●新しいサポートリクエストの作成

資格

試験では、返金の要求の作成および送信の方法について問われます。

参考

[ヘルプとサポート]では、サポートリクエストの作成および送信のほか、Azureサービスやリソースの現在の正常性や正常性の履歴を確認したり、予定されているメンテナンスを確認することもできます。

2-2 サービスのライフサイクル

POINT!

- Azureでは不定期に新しいサービスが追加される場合がある
- 新しいサービスはプレビューと呼ばれる評価期間を経て、最終的にリリースされる
- プレビューには、プライベートプレビューとパブリックプレビューがある
- 終了するサービスは、遅くとも12か月前にはアナウンスされる

新しいサービスや新機能のリリース

1日目にも学習したように、Azureはこれまでに長い年月と共に進化し、利用できるサービスの追加がおこなわれてきました。それは、今後についても同じことが言えます。つまり、現在でも数多くのサービスが提供されていますが、より便利な新しいサービスや機能が提供されたり、現在提供されている内容が不定期に更新される可能性があります。このような特性から、Azureは「進化し続けるクラウドサービス」であると言えるでしょう。

Azureに追加される新しいサービスや新機能は、通常**プレビュー**と呼ばれる期間を経て正式にリリースされます。プレビューとは、試用や評価の段階を意味するものであり、正式にリリースされる前の「ベータ版」のような状態と考えるとよいでしょう。実際に利用者に使ってもらい、その上でフィードバックとして送信された要望や不具合などの改善点を反映して、最終的に正式なサービスおよび機能としてリリースされます。具体的には、次のような段階があります。

● プライベートプレビュー

試用や評価期間の段階ですが、限定的な利用者だけに公開されている状態です。この段階では、一部の組織や利用者のみが利用可能な状態であり、利

7
日目

2
SLAとライフサイクル

用には申し込みが必要な場合もあります。

● パブリックプレビュー

試用や評価期間の段階ですが、すべての利用者に公開されている状態です。

● 一般提供（GA：General Availability）

正式にリリースされ、すべての利用者に公開されている状態です。また、有償のサービスについてはSLAが提供され、マイクロソフトによるサポートを受けることが可能です。

● 新サービスや新機能がリリースされるまでの一般的な流れ

プライベートプレビュー	パブリックプレビュー	一般提供（GA）
・試用および評価段階 ・限定的な利用者だけに公開 ・申し込みが必要な場合あり	・試用および評価段階 ・すべての利用者に公開	・正式リリース ・すべての利用者に公開 ・SLA の対象（有償のみ）

上記はあくまでも一般的な流れであり、すべてのサービスおよび機能が当てはまるわけではありません。サービスや変更内容により、プライベートプレビューやパブリックプレビューの段階がスキップされる場合もあります。

なお、Azureポータルでのサービスの一覧画面では、プレビューの内容が含まれるものについてはサービス名の右側に［プレビュー］というマークが示されています。

●Azureポータルでのサービスの一覧

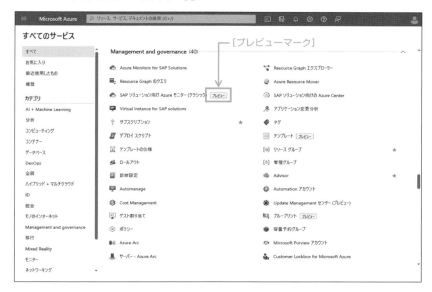

注意

プライベートプレビューおよびパブリックプレビューの段階では、SLAが提供されていないことに注意しましょう。

資格

試験では、新しいサービスや新機能がリリースされるまでの一般的な流れについて問われます。

■ 終了するサービスおよび機能

　Azureに追加される新しいサービスや新機能がある一方で、提供が終了するサービスや機能もあります。例えば、既存のものよりも優れたサービスや機能の登場により、従来のサービスや機能が終了する場合などです。場合によっては、後続のサービスが提供されずに、既存のサービスが終了してしまうことも考えられます。

　しかし、既存のサービスや機能の提供が突然終了してしまうと、それまでその

7
日目

2

SLAとライフサイクル

サービスや機能を利用していた利用者は困ってしまいますね。

● 既存のサービスや機能が終了する場合の影響

XXX のサービスの提供はすぐに終了します！

Azure

まだ XXX のサービスを使っているので
すぐに終了されると困ります……

〇〇〇のサービスに切り替えるには、
どうしたら良いのですか？

利用者

　テレビ放送で言えば、現在は「デジタル放送」が当たり前のように使用されていますが、以前は「アナログ放送」が広く使用されていました。しかし、デジタル放送を受信するには対応したテレビやチューナーの設置が必要です。それなのに突然「アナログ放送は今日で終了です」と言われたら、視聴者は困ってしまうでしょう。そのため、アナログ放送が完全に終了する前には、デジタル放送を受信するための必要機器のアナウンスや切り替えの期間が設けられました。

　上記のテレビ放送の例と同様に、マイクロソフトでも、既存のサービスや機能の提供をすぐに終了するのは不適切であると考えています。そのため、それらが終了するよりも前に、利用者向けのアナウンスがおこなわれたり、新しいサービスへ切り替えるための期間が設けられるようになっています。具体的には、重要な既存のサービスや機能が終了する場合には、正式な終了日よりも遅くとも12か月前までにはそのアナウンスがおこなわれます。アナウンスには、Azure ポータル内のメッセージや、Azure の Web サイト、メールや電話など、様々な手段が使用されます。

● Azureポータル内での廃止予定のアナウンス

● AzureのWebサイトでの廃止予定のアナウンス

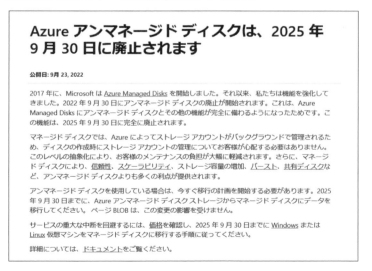

■ Azureの最新情報の入手

　これまで学習してきたように、Azureのサービスは日々進化しています。言い換えれば、私達利用者もその進化に追従できるように、最新情報のキャッチアップをおこなっていく必要があるということです。もし、キャッチアップを怠ってしまうと、いつの間にか特定のサービスや機能が終了してしまい、既存のリソースが使用できなくなるなどの影響が及ぶことにもなりかねません。業務で使用するシステムにAzureのリソースが含まれているのであれば、リソースの停止により、業務そのものができなくなってしまいます。そのため、最新情報を定期的にキャッチアップしながら、Azureを利用していくことが重要です。

　それでは、Azureの最新情報はどこから入手すればよいのでしょうか？　コミュニティやトレーニングに参加することも1つの方法ではありますが、マイクロソフトでは「Azureの更新情報」というWebサイトを用意しています。このWebサイトでは、Azureのサービスや機能に関する最新情報を確認したり、その通知を受け取ることができます。

● Azureの更新情報

> https://azure.microsoft.com/ja-jp/updates/

　上記のWebサイトでは、最近になって一般提供が開始された新しいサービスおよび機能の情報に加え、プレビューや開発中の段階のサービスおよび機能の情報についても確認できます。さらに、廃止予定となっているサービスの情報や、そのサービスを使用している場合に必要となるアクションについても確認することが可能です。サービスや更新情報の種類ごとに情報を確認したい場合には、[**製品カテゴリ**] や [**更新情報の種類**] のフィルターを指定するとよいでしょう。

● Azureの更新情報

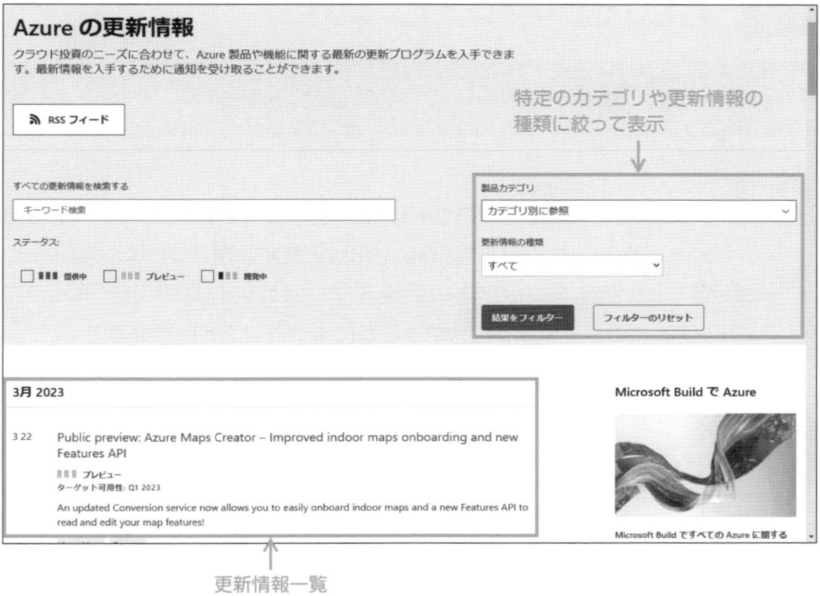
Azure の更新情報
クラウド投資のニーズに合わせて、Azure 製品や機能に関する最新の更新プログラムを入手できます。最新情報を入手するために通知を受け取ることができます。
RSS フィード
特定のカテゴリや更新情報の種類に絞って表示
すべての更新情報を検索する
キーワード検索
ステータス:
提供中
プレビュー
開発中
製品カテゴリ
カテゴリ別に参照
更新情報の種類
すべて
結果をフィルター
フィルターのリセット
3月 2023
3 22
Public preview: Azure Maps Creator – Improved indoor maps onboarding and new Features API
プレビュー
ターゲット可用性: Q1 2023
An updated Conversion service now allows you to easily onboard indoor maps and a new Features API to read and edit your map features!
Microsoft Build で Azure
Microsoft Build ですべての Azure に関する
更新情報一覧

7日目のおさらい

問　題

Q1

Azureの仮想マシンのサービスを利用した場合におけるコストに関する説明として、適切ではないものはどれですか。

A. どのリージョンに作成するかによってコストは異なる
B. 仮想マシンのコストは、仮想マシンを停止している時間帯も発生する
C. ディスクのコストは、ディスクが存在している限り発生する
D. ネットワークに関するコストは、アウトバウンド通信に対して発生する

Q2

Azureポータルなどで実際にリソースを作成する前に、これから作成および使用するリソースのコストの概算を確認したいと考えています。このシナリオを実現するために最も役立つものはどれですか。

A. コストシミュレーターツール
B. コストの管理と請求
C. 料金計算ツール
D. Azure Cost Analytics

Q3 あなたが使用しているAzure環境ではいくつかのリソースが作成されていますが、想定以上の過大なコストの発生を防ぎたいと考えています。設定すべきものとして最も適切なものはどれですか。

A. ロック
B. タグ
C. テンプレート
D. 予算

Q4 Azureでの費用対効果を向上できるように用意されているコスト削減オプションはどれですか（2つ選択）。

A. Azureハイブリッド特典
B. ロードバランサー
C. クォータ
D. 予約

Q5 利用者が安心してAzureを利用できるように、一定時間以上のAzureのサービス稼働とサービスへの接続に関する取り決めとして定義されているものはどれですか。

A. Azure Marketplace
B. SLA（サービスレベル契約）
C. プレビュー機能
D. 料金計算ツール

Q6
Azureで保証されている月間稼働率に達していないことが確認されたため、あなたはマイクロソフトに対してAzureの利用料の一部の返金を要求したいと考えています。おこなうべき操作として適切なものはどれですか。

A. マイクロソフトフォーラムに投稿する
B. Azureのフィードバックを送信する
C. サポートチーム宛のメールを送信する
D. サポートリクエストを作成して送信する

Q7
Azureで新サービスや新機能が開発されてからリリースされるまでの一般的な流れになるように、3つの選択肢を選択して適切な順番に並べてください (3つ選択)。

A. 一般提供 (GA)
B. プライベートプレビュー
C. パブリックプレビュー
D. メンテナンスプレビュー

Q8
Azureの重要な既存のサービスや機能の提供が終了する場合、事前におこなわれるアナウンスの期日として適切なものはどれですか。

A. 1か月前
B. 3か月前
C. 6か月前
D. 12か月前

解　答

A1

B

仮想マシンのコストは、OSの種類やサイズの選択によって決まる単価と、実際の実行時間が掛け算されて決定されます。そのため、仮想マシンを停止している間はコストが発生しません。

➡ P.264、P.265、P.266

A2

C

料金計算ツールを使用すると、実際にリソースを作成する前のコストシミュレーションをおこなうことができます。例えば、仮想マシンのコストシミュレーションをおこないたい場合は、リージョンやOS、インスタンス（サイズ）、仮想マシンの数や実行時間を指定するだけで、1か月当たりに発生する料金の概算が表示されます。

➡ P.267、P.268

7
日目

A3

D

想定以上の過大なコストの発生を防ぐためには、予算の設定が役立ちます。予算を設定することで、予算に対する現在のコストを把握できたり、指定した予算の割合に達した場合の通知を受け取ることができます。

➡ P.273、P.274

A4　A、D

Azureでの代表的なコスト削減オプションには「予約」と「Azureハイ
ブリッド特典」の2つがあります。予約は、1年または3年といった長
期使用のためのコスト削減オプションです。一方、Azureハイブリッ
ド特典は、ソフトウェアアシュアランス（SA）を購入している組織向
けのコスト削減オプションであり、組織で所有しているライセンスの
持ち込みによる割引を受けることができます。

→ P.275、P.276、P.277、P.278

A5　B

SLAでは、一定時間以上のAzureのサービス稼働とサービスへの接続
に関する取り決めが定義されています。AzureのSLAはマイクロソフ
トのWebサイトから参照でき、仮想マシンやストレージアカウントな
どのサービスごとの月間稼働時間の保証などが明記されています。

→ P.281、P.282、P.283

A6　D

AzureのSLAで保証されている月間稼働率に達しなかった場合は、そ
の稼働率の数値に応じて、利用者はサービス利用料の一部または全部
の返金要求をおこなうことができます。その際には、サポートリクエ
ストを作成して送信します。

→ P.285、P.286

A7 　B、C、A

Azureに追加される新しいサービスや新機能は、一般的にプレビューと呼ばれる期間を経て正式にリリースされます。具体的には、プライベートプレビュー、パブリックプレビュー、一般提供（GA）という3つの段階があります。

A8 　D

重要な既存のサービスや機能が終了する場合には、正式な終了日よりも遅くとも12か月前までにはそのアナウンスがおこなわれます。アナウンスには、Azureポータル内のメッセージや、AzureのWebサイト、メールや電話など、様々な手段が使用されます。

→ P.289、P.290、P.291

7
日目

Index

■著者
新井 慎太朗（あらい・しんたろう）

● マイクロソフト認定トレーナー（MCT）
● 株式会社ソフィアネットワーク勤務。2009年よりマイクロソフト認定
トレーナーとしてトレーニングの開催やコース開発に従事。前職である
会計ソフトメーカー勤務時には、会計ソフトの導入サポート支援や業務
別講習会講師を担当。これらの経歴を活かしてユーザー視点や過去の経
験談なども交えたトレーニングを提供しており、近年はMicrosoft Azure
やMicrosoft 365、Microsoft Intuneなどのクラウドサービスを主な担当
領域とする。講師活動のかたわら書籍の執筆なども幅広く手がけ、それ
らが評価され、2017～2020年にかけてMicrosoft MVP for Enterprise
Mobilityを受賞。

STAFF

編集	平塚陽介
制作	株式会社ノマド・ワークス
表紙デザイン	阿部修（G-Co.Inc.）
表紙イラスト	神林美生
本文イラスト	神林美生　高橋結花
表紙制作	鈴木薫
デスク	千葉加奈子
編集長	玉巻秀雄

■商品に関する問い合わせ先

このたびは弊社商品をご購入いただきありがとうございます。本書の内容などに関するお問い合わせは、下記のURLまたは二次元バーコードにある問い合わせフォームからお送りください。

https://book.impress.co.jp/info/

上記フォームがご利用いただけない場合のメールでの問い合わせ先
info@impress.co.jp

※お問い合わせの際は、書名、ISBN、お名前、お電話番号、メールアドレス に加えて、「該当するページ」と「具体的なご質問内容」「お使いの動作環境」を必ずご明記ください。なお、本書の範囲を超えるご質問にはお答えできないのでご了承ください。

●電話やFAX でのご質問には対応しておりません。また、封書でのお問い合わせは回答までに日数をいただく場合があります。あらかじめご了承ください。
●インプレスブックスの本書情報ページ https://book.impress.co.jp/books/1122101098 では、本書のサポート情報や正誤表・訂正情報などを提供しています。あわせてご確認ください。
●本書の奥付に記載されている初版発行日から3年が経過した場合、もしくは本書で紹介している製品やサービスについて提供会社によるサポートが終了した場合はご質問にお答えできない場合があります。

■落丁・乱丁本などの問い合わせ先
FAX 03-6837-5023
service@impress.co.jp
※古書店で購入されたものについてはお取り替えできません。

1週間でMicrosoft Azure資格の基礎が学べる本

2023年10月1日 初版発行

著 者 株式会社ソフィアネットワーク 新井 慎太朗
発行人 高橋隆志
発行所 株式会社インプレス
〒101-0051 東京都千代田区神田神保町一丁目105番地
ホームページ https://book.impress.co.jp/

印刷所 株式会社 暁印刷

ISBN978-4-295-01778-3 C3055

Printed in Japan